随和是一种能力，
淡泊而明志

随和是一种能力，
淡泊而明志

○ 随和的人，懂得包容，会用宽广的胸怀包容这个世界。

○ 随和的人，懂得淡泊，会用淡然的态度看待虚名重利。

○ 随和的人，懂得低调，会用低姿态谨慎从事。

○ 随和的人，懂得知足，会用轻松的姿态让自己远离贪欲。

○ 随和的人，懂得糊涂，会用大智若愚的处世智慧做人。

随和是一种能力，
淡泊而明志

王漫兮◎著

企业管理出版社
EMPH ENTERPRISE MANAGEMENT PUBLISHING HOUSE

图书在版编目（CIP）数据

随和是一种能力，淡泊而明志 / 王漫兮著 . —— 北京 : 企业管理出版社 , 2016.2
ISBN 978-7-5164-1204-6

Ⅰ . ①随… Ⅱ . ①王… Ⅲ . ①人生哲学 – 通俗读物 Ⅳ . ① B821-49

中国版本图书馆 CIP 数据核字 (2016) 第 022158 号

书　　名：随和是一种能力，淡泊而明志

作　　者：王漫兮

责任编辑：徐金凤

书　　号：ISBN 978-7-5164-1204-6

出版发行：企业管理出版社

地　　址：北京市海淀区紫竹院南路 17 号　　　邮编 :100048

网　　址：http://www.emph.cn

电　　话：总编室（010）68701719 发行部（010）68701816 编辑部（010）68701638

电子邮箱：80147@sina.com

印　　刷：北京时捷印刷有限公司

经　　销：新华书店

规　　格：170 毫米 ×240 毫米　　16 开本　　17 印张　　235 千字

版　　次：2016 年 2 月第 1 版　　2016 年 2 月第 1 次印刷

定　　价：38.00 元

前　言

　　一个人不管有多聪明，多能干，如果不懂得如何去做人，那么他最终的结局肯定是失败。做人是一门艺术，更是一门学问。很多人之所以一辈子都碌碌无为，那是因为他活了一辈子都没有弄明白该怎样去做人、做事。这值得我们每一个人去认真思考。

　　的确，做人之难，难于从躁动的情绪和欲望中稳定心态。最能促进自己、发展自己和成就自己的人生之道便是随和做人。

　　随和的人，是聪明的人，他们明白"雄辩是银，沉默是金"的道理，用冷静的眼光看待这个世界。

　　随和的人，是包容的人，他们明白"海纳百川，有容乃大"的道理，用宽广的胸怀包容这个世界。

　　随和的人，是淡泊的人，他们明白"非淡泊无以明志"的道理，用淡然的态度看待虚名重利。

　　随和的人，是低调的人，他们明白"贵而不显，富而不炫"的道理，用低调的姿态谨慎从事。

　　随和的人，是隐忍的人，他们明白"心平气和"的道理，用忍让的姿态创造不败的人生。

随和的人，是知足的人，他们明白"适可而止，知足常乐"的道理，用轻松的姿态活出精彩的自己。

随和的人，是糊涂的人，他们明白"大智若愚，大巧若拙"的道理，用糊涂的心态做人。

本书正是从这七个方面入手，告诉读者一个处世随和的人应该具有怎样的情怀与态度，培养自己的随和能力。相信经过一番历练，一番自律，你就能真正成为一个随和的人。

目　录

第五章　随和的人了解不败人生、忍者无敌的忍让之理　　*157*

第六章　随和的人拥有适可而止、知足常乐的满足心态　　*189*

第一章

随和的人明白雄辩是银、沉默是金的不争智慧

人活一世，肯定会遇到各种各样不顺心的事情，不必烦恼，这都是生活的常态。此时，适当地保持沉默不仅是一种大度，也是一种涵养。它能让你自省反思、慎言慎行，更重要的是能帮你去除满腹的牢骚。管住自己的嘴巴，默默地提高自己，这就是沉默的大智慧。

随和之人懂得沉默是一种大智慧

沉默是智慧，古希腊哲学家泰勒斯说："多说话并不表明有才智"。生活中无数事实告诉我们，必要的沉默不是软弱，而是理智和大度；不是冷漠，而是内心深处的安宁和淡泊；不是消沉和放弃，而是奋进的前奏。人总是在饱经世间的喧嚣和争斗之后，才会归于恬淡和平静，才能彻悟沉默是无价之宝。

在与人相处的过程中，简洁地表达你的看法，然后保持沉默，留一个宁静的空间给别人去慢慢思考。在你批评别人时，适当的沉默可能起到此时无声胜有声的效果。通常来讲，当你批评他人时，那人一定情绪相当激动。他可能不但不虚心接受意见，而且还会反唇相讥，使出浑身解数为自己开脱。这时，你就需要保持沉默。你的沉默、你的无言是对当事人的一种威慑。这既显示出了你宽广的胸怀与大度的品格，又给对方留有思考的余地，他的态度也会就此改变。你的沉默并非是对矛盾的回避、对错误的迁就，而是在提醒对方，冷静才是解决问题之道，在无声的战场上，情绪越是强烈的人，越是会陷入被动的局面。

在第二次世界大战中，一位嗅觉灵敏的美国新闻记者得到情报：罗斯福领导的一个小组，成功地破译了日军关于进攻中途岛的密码，并掌握了日军海上作战部署的确切情报。美军据此已针对性地进行了战略准备。芝加哥的一家报纸根据这位记者提供的稿件，立即作为独家新闻在报上捅了出去。

这样一来，不但会引起日本人的警觉而立即更换密码和调整战斗部署，而且会使美军的中途岛之战前功尽弃，处于十分被动的地位。面对如此严重的泄露国家战时情报事件，有关人员请求罗斯福总统下令严查法办。罗斯福却一反常态，他既没有责令追查，也没有兴师动众地辟谣，更没有因此而调整军事部署，而是装出好像什么事也没发生一样。令人意外的是，事情很快就平息了下去，此事根本就没有引起日本情报机关的注意。

——摘自360doc个人图书馆《糊涂思维》2012.3.4

"沉默"是有效的缓兵之计，也许你最不愿意看到的情形就是人与人之间的争执。争执的结果是将和谐的人际关系搞得一团糟，谁还能安心专注于做事呢？适当保持沉默，等争执的双方失去了精神上的亢奋、精疲力竭之后，再发表你的意见也不迟。

头脑发热时的人们只想向外发散能量，谁会再去接受你的善言良语呢？你的沉默可使矛盾冲突趋于缓和，当人们争辩得不可开交时，看到他们身边有这样一位静静的旁观者，他们也许会后悔自己的冲动和不冷静。

有时，沉默与精心选择的词具有同样的表现力，就好像音乐中音符与休止符一样重要。过去，心理学家常常认为人们应该把自己的事情讲出来，告诉别人，但现在人们逐渐发现，在与别人的交往中有时更需要忍耐和沉默。

一个服装厂的老板得知另一家公司打算购买他的一台旧机器，他非常高兴。经过仔细核算，他决定以10万美元的价格出售，并想好了理由。

当他坐下来谈判时，内心深处却在说："沉住气。"终于，买主按捺不住，开始滔滔不绝地对机器进行褒贬。

卖主依然一言不发。这时买主说："我们可以付给您12万美元，一个子也不能多给了。"不到一个小时，买卖成交了。

"桃李不言，下自成蹊；冰炭不言，冷热自明。"有一些蕴藏在内心深处的美德，一旦用语言表达出来，其中的韵味往往荡然无存，抑或索然寡味。如对他人表示关爱时，默默地给予实际帮助，比口若悬河地表白更显真诚，更具感人魅力。此时，尽管什么都没说，又仿佛什么都说了，可谓无声胜有声。

面对复杂局面和大是大非，沉默往往是潜心思索，凝聚智慧，为从容应对积蓄力量。当然沉默不是故作深沉或天性木讷，而是盛开在心灵深处的智慧之花。"沉默是金"并不意味着"万马齐喑"，我们应当崇尚内心充实而不失真诚的沉默。

沉默需要勇气，需要毅力；沉默是留给自己思考的时间；沉默是自己的财富；沉默也是对自己的一种责任。沟通心灵的时候需要沉默。只有在倾听中才能吸取智慧，弥补纰漏，建立信任。具备优势的时候需要沉默。"天地有大美而不言"；太阳不语，是一种光辉；人也一样，桃李不言，下自成蹊。取得成绩的时候需要沉默，遭受困难的时候需要沉默，等待时机需要沉默，承担痛苦的时候需要沉默。

"沉默是金"，却也不是不说话，而是说话要分场合，要分情况，不能说则不说，保持适当的缄默，能说则尽量少说，以避免不必要的麻烦。"言多必有失"。有道德的人，绝不泛言；有信义者，必不多言；多言取厌，虚言取薄，轻言取侮，唯有保持适当的缄默，才会避免厌、薄、侮。

夸夸其谈，不得人缘

一个人越是吹嘘自己，就越会容易使人们对其所说的话的真实性产生怀疑。夸夸其谈，只能是暴露自己学识欠缺，品味不好，这样不但不会让人们觉得这个人很有魅力，而且会让人产生厌恶。即便是真的有才华、有能力，但是经常吹嘘自己也会降低人们的好感。

马西尔斯是古罗马时代的英雄，他被人们封为"战神"。在公元前5世纪前半叶的时候，他率领部队奋勇杀敌，屡次使城免遭屠戮。但是因为他经常驰骋在外地的战场上，罗马的人都没有见过他，这就使得他成为谜一般的传奇人物。

公元前454年，马西尔斯打算告别军戎生涯，参加竞选，角逐最高层的执政官，从而进入政治界。按照规定，所有候选人，都必须在公众投票前发表公开演讲，向人们展示他自己的风范。在演讲会的讲台上，马尔西斯什么也没有说，只是脱下身上的衣服。人们看到了他身上的累累伤痕，感动得泪如雨下，几乎每个人都认定他会当选。

然而，在投票的前一天，马尔西斯在公众场合与公众见面，但是他只与那些陪同他来的高层官员和富有的市民说话，而且一味地吹嘘自己的功绩。人们终于认清了他的本来面目：所谓的英雄只不过是个吹牛大王而已。于是，人们决定第二天不投他的票了。

在中国古代有一位将军，他在大军撤退时总是断后。当他回到京城的时候，别人都赞扬他退却在后、舍生忘死的精神。这位将军只是很平淡地说："并非吾勇，马不进也。"

上面的这两个人物形成了鲜明的对比，因为同样是立功的将军，对待自己的功劳却是截然不同的态度，这才是使得人们对他们有着完全相反的看法。

——摘自南京廖华《总有一条道路抵达心灵—第六章 人生最大的失败是自大》

马尔西斯一味地吹嘘自己曾经在战场上的功绩，本来是想让人们知道他有多勇敢、多伟大，他为这个国家做过多么重大的贡献。结果却适得其反，人们对他的装腔作势很反感，他把自己说得越神勇，人们就对他失望越多。他本来以为这样能赢得公众的好评，结果却是毁掉了自己在人们心中的形象。

中国古代的那位将军，他谦逊地把断后的功绩推掉，认为这不是自己勇敢，而是因为马不行进，使得自己不得不退却在后。他这样的做法反倒是赢得了人们的赞誉。那些谦虚的人对自己的优点不以为然，他们之所以这样做，不是想占什么便宜，而是不愿夸耀自己的功绩。但是越是这样，这些人就越是得到更大的荣誉。

要知道经常吹嘘自己的人，只不过是想满足自己被人羡慕，受人恭维的快感。但是当人们发现他们言过其实的时候，常常会觉得自己受到了愚弄，也因此，在失望的同时就会产生报复的心理，排挤那个吹嘘的人。古今中外，因为吹嘘和自以为是而丧命的人不在少数。

一个罗马将军在公元前131年带领部队围攻希腊城堡。那个时候是需要用撞墙槌攻破城门，但是当时他们并没有准备撞墙槌。将军沉思了一会儿，他想起来看到过雅典船坞里有两支沉甸甸的船桅，其中较大的一支船桅可以用来代替撞墙槌，撞开希腊城堡的围墙，于是便下令将较大的这支立刻送来。接到命令的雅典军械师却认为，较短的一支更容易把墙撞开，于是军械师自作聪明，坚持把较短的桅杆送了过去。他深信将军一定会因为他这个明智的决定而赏赐他。

短枴杆运到战场后，将军一看没有按照他的命令来执行，非常生气。然而军械师一点都没有发觉，仍然兴高采烈地向将军解释送来短枴杆的原因。他滔滔不绝，说自己是专家，在这方面有很深的造诣，深知其中的原理，并表示在这些事情上听取专家的意见才是最明智的，攻城时采用他送来的短枴一定是最有效的。将军越听越怒，从来没有一个人像这个军械师这样敢违抗他的命令，并且还在他面前吹嘘，这使得他觉得自己受到了侮辱，于是还没等军械师说完，就下令把他吊起来，用鞭子活活打死了。

——摘自南京廖华《总有一条道路抵达心灵—第六章 人生最大的失败是自大》

吹嘘的人总是相信自己是正确的，他们总喜欢逞口舌之能，他们总是趾高气扬，自以为是，在权势面前也没有忌讳，这无异于自掘坟墓。

因此，我们不要自以为有点才能，就四处吹嘘，想让人觉得自己是个天才。不要自以为发了点小财，就到处夸耀，好像自己是比尔·盖茨。更不要做了点小事，就觉得劳苦功高，四处张扬。要知道，这样的人是最讨人嫌的。因为喜欢吹嘘的人往往是没有什么真才实学的人。达·芬奇说过这么一段话："微小的知识使人骄傲，丰富的知识使人谦逊。"

有时候沉默胜于千言万语，聪明的人都知道节制，与其夸夸其谈，不如闭起嘴巴。低调不是没有个性，沉默也不代表一无所知，真正的卓越非凡不用吹嘘总会有人知道。吹嘘自己知识的人，等于宣扬他的无知；吹嘘自己勇敢的人，无疑告诉别人他是个胆小鬼；吹嘘自己富有的人，只能证明他是个爱财的人。平平常常的人，谦逊朴实地对待人生，无论他是否有所作为，人们都会对他有个好印象。

学会沉默，管好你的嘴巴

俗话说："好马长在腿上，好人长在嘴上。"口才的重要并不次于能力，关键在于你如何运用。一个滔滔不绝的人不见得就是拥有了一副好口才，一个偶尔沉默的人也不见得就是木讷之辈，真正会说话的人总能恰到好处地把握住说话的机会，管好自己的嘴巴。

沉默，表面上看起来好像是愚钝木讷，其实，沉默是一种修行，能为自己镀上一层保护膜。孔子去后稷之庙参观，在三座金铸的人像的背上铭刻了几句名言："古之慎言人也，戒之哉！无多言，无多事。多言多败，多事多害。"孔子说的"无多言，无多事"，就是在劝诫人们：为人宁可保持沉默寡言的态度，不骄不躁，宁可显得笨拙一些，也绝对不可以自作聪明，喜形于色，溢于言表。

思想家说，沉默是一种美德；哲学家说，沉默是一种成熟；教育家说，沉默是一种智慧；艺术家说，沉默是一种魅力；科学家说，沉默是一种发明。是的，沉默是一种难得的心理素质，也是一种可贵的处世之道。

大科学家富兰克林在青年时代，曾经开了一个小小的印刷厂。那时，他被选为当地议会的书记。但是，在选举之前，一位新议员发表了一篇明显表示反对他的演说，演说中，他把富兰克林贬得一文不值。对于这位新议员的反对富兰克林当然不会高兴。但是，这位新议员是一位有身份、有学识、有教养的绅士，他的声誉和才能使他在议院里很有地位。该怎么做呢？

富兰克林终于想到一个办法，他打听到这位新议员的藏书室里有几部很珍贵、稀罕的书，于是就写了一封简短的信给他，说他想看看这些书，希望他能答应借几天。没想到，接到信后，这个议员马上就把书送来了。过了大约一个星期，富兰克林将那些书送还回去，还另外附了一封简短的信，真诚地表示了谢意。这样一来，当他们下一次在议院里遇见的时候，那位议员居然主动跑上前来和富兰克林握手谈话，而且非常客气，并且说一切事情他都愿意帮忙，于是两个人成为了知己，美好的友谊一直维持了终生。

在富兰克林的成功之路上，用沉默的语言来"回敬"他人的批评是相当重要的因素。富兰克林运用这个策略，取得了成功。这种策略的作用，存在于人类天性中的一种潜意识中。我们应当认真研究为什么当初反对富兰克林的议员竟会在短时间内完全改变自己的想法？是什么东西在那位议员心中起了作用，使他不仅与富兰克林握手言和，而且成为了挚友？

其实，在借书的那个小环节里，富兰克林无形之中已表示了推崇对方的意思，而使自己居于较低的地位。这种情形下，也就无形地抬高这位议员的地位而贬低自己的地位，这样做的结果便是"使别人感到自己地位的优胜和重要"。简单地说，这个策略，是在维护别人的"自尊心"。在人类所有的意识中，活动最强的欲望，就是维护自己的自尊心。

因此，古人说："治理中显露的，是大众的小事；治理中默然无声的，是圣人的表现；存心于私利的，是小人的追求；存心于远大的，是圣人的事业。"言语的灾祸，轻则害人，重则害己，该沉默时就沉默，你可一定要管好自己的嘴巴。

在生活中，常常可以看见一些说话不分场合的人。这样的人不知道，有些话是可以公开谈的，而有些话只能私下说。他们通常都是好人，没有心机，但是常常会引起始料不及的后果，给自己带来伤害。

在我国古代南北朝时期，贺若敦为北周的大将。他居功自傲，恃才放旷，不甘心居人之下，看到别人做了大将军，唯独自己还是原地踏步，心中颇为不服气，口中多有抱怨之词。不久，他奉调参加讨伐平湘洲战役，凯旋而归，这应该算是为国家又立了一大功吧！他自以为此次必然要受到封赏，可是事与愿违，由于种种原因，他反而被撤掉了原来的职务，为此他更加不满，整天牢骚满腹。

这些怨言传到了晋国公宇文护的耳朵里，大为震怒，把他从中州刺史任上调回来，并迫使他自绝。临死之前他对儿子贺若弼说："我有志平定江南，为国效力，而今未能实现，你一定要继承我的遗志。我因为这张不牢固的嘴把命都丢了，这个教训你一定要铭记在心啊！"说完后，便拿起锥子，狠狠地刺破了儿子的舌头，目的就是让他记住这血的教训。

若干年后，贺若弼也做了隋朝的右领大将军，可是他把父亲的遗言忘得一干二净，常常为自己的官位比他人低而怨声载道，自认为当个宰相也是绰绰有余。不久，能力不如他的杨素做了尚书右仆射，而他仍为将军，未被提拔，他气不打一处来，不满的情绪和怨言便时常流露出来。后来一些话又被皇帝所耳闻，皇帝龙颜大怒，贺若弼被逮捕下狱。

隋文帝批评他说："你这个人有三个过错：嫉妒心太强；自以为是的心太强；随口胡说目无长官的心太强。"因为他有功，皇帝不久就又放了他。可是，他并没有吸取教训，又对其他人夸耀他和皇太子之间的关系，说："皇太子杨勇跟我之间，情谊亲切，连高度的机密，也都对我附耳相告，言无不尽。"后来杨勇在隋文帝那里失势，杨广取而代之为皇太子，贺若弼的处境可想而知。

隋文帝得知他又在那里大放厥词，就把他召来说："我用高颎、杨素为宰相，你多次在众人面前放肆地说，'这两个人只会吃饭，什么也不会干'。这是什么意思？难道我也是废物不成？"这时因贺若弼平时言语不慎，招惹了不少人，朝中一些公卿大臣担心自己受到牵连，都不顾及过去的私交揭发他过去说的那些对朝廷不满的言论，并声称他罪有应得。

隋文帝听了众大臣的谈话，对贺若弼说："大臣们对你都意见颇深，要求严格执行法度，你说说看你还有没有活下去的充足理由？"贺若弼辩解说："我曾凭陛下神威，率八千兵渡长江活捉了陈叔宝，希望能看在过去的功劳的份上，给小臣留下条小命！"

隋文帝说："你将出征陈国时，对高颖说'陈叔宝被削平，我们这些功臣会不会飞鸟尽，良弓藏？'高颖对你说'我向你保证，皇上绝对不会这样'。是吧？等到消灭了陈叔宝，你就要求当内史，又要求当仆射。这一切功劳过去我已格外重赏了，还提它做什么？"

贺若弼说："我确实蒙受陛下格外的重赏，今天还希望格外地赏我活命。"此时，他再也不攻击别人了。终于，隋文帝念他劳苦功高，就只把他的官职撤消了。

——摘自单眼老表博客的博客《当闭口时绝不言语》2014.9.27

父子两代人，同样是因言多而坏事。贺若敦临死前的嘱咐早就被贺若弼忘得一干二净，他不但没有吸取父亲的教训，反而更加过分，这也是他自食恶果的必然结局。因此，在人际交往中，我们必须随时为自己竖立警告标示：管好自己的嘴巴，该沉默时就沉默，这样才能避免不必要的祸端。

某乡间有一名德高望重的员外，好不容易生了一个儿子，心中大为高兴。于是，他决定在儿子满月时邀请全村的人喝满月酒。村中有一名读书人，学问不错，但常在公开场合说出一些不得当的话，引起别人的不满。因此，员外决定不请他参加宴会，避免破坏欢乐的气氛。

书生没有收到员外的邀请函，就跑去向员外表示，全村的人都可以参加宴会，独有他无法参加，面子挂不住。员外最后接受他的请求，同意他参加，但有附带条件，要求他在喜宴中，一句话都不能说。书生同意了，果然在宴会中三缄其口而宾主尽欢。

但在散场送客时，书生嘴又痒了，脱口表示："员外！员外！我今天可是遵守你的规定，一句话都没有说，将来你儿子有个什么三长两短，你可不能怪我。"员外听了书生的话，气得一个字也说不出来。

在不恰当的场所，说不恰当的话，会让人难过、心烦，所谓言多必失，很多时候，沉默胜于说话。沉默可以调节说话和听讲的节奏。沉默在谈话中的作用就相当于零在数学中的作用。尽管是"零"却很关键。没有沉默，一切交流都无法进行。

把话说得恰到好处，不仅能够体现一个人的修养，反映出一个人为人处世的涵养功夫，更能起到良好的沟通作用，让人们为你的通情达理而鼓掌称赞。所以，闭上你那经常喋喋不休的嘴吧，偶尔沉默一下，也会换来不一样的效果哦！

有理也不争，要让三分

　　无理让人难，得理也让人那就更难了，当和别人竞争之时，我们常会自恃有理，据理力争，决不罢休。殊不知，即使你有理，但是你的话可能已经伤害了对方，使他尴尬，下不了台，甚至恼羞成怒，这是人际交往的大忌。有理也要让三分，对别人谦虚忍让的同时，也会给自己创造更多的机会。

　　克里斯托弗·雷恩爵士是英国17世纪著名的建筑大师，他一生设计了很多有名的建筑，西敏斯特市的市政大厅就是他的不朽杰作。1688年，雷恩爵士为西敏斯特市设计了这个富丽堂皇的市政厅。当时市长住在二楼，他不懂得建筑的原理，看了设计图之后，非常担心三楼会掉下来，压倒他的办公室。

　　于是，他要求雷恩再加两根石柱作为支撑，加固房子的结构。雷恩很清楚市长的恐惧是杞人忧天，没有什么道理，但是他没有同市长争辩，也没有跟他解释其中的原理，而是按照市长的要求建造了两根石柱，市长为此感激万分，工程也得以顺利进行。

　　多年以后，人们才发现这些石柱其实根本没有顶到天花板。这位杰出的建筑师为了满足市长的要求，在他的设计中加了两个并不起实际作用的石柱。他没有跟市长争辩，因为他知道争辩是没有用的，有可能还会激怒市长，使得整个建筑工程无法进行，所有的设计都前功尽弃了。实际上多出来的两个石柱并没有影响到他的设计艺术，相反，当人们看到这两根柱子没有顶到天花板的时候，明白了他的苦心，更加赞赏他了。

有理也要让人三分，非原则问题，凡事都要争个对错，比个高下，证明自己更聪明、更正确，其实是没有任何意义的。话多无用，行动则更有力得多。在雷恩的设计中，石柱只是一个摆设，是虚假的，但是双方都从中得到了满足，市长可以松一口气，不用担心三楼掉下来砸到自己的办公室，而后世也将会了解雷恩的设计是成功的，加建石柱其实并没有必要。

在我们的生活中，矛盾无时不在，无处不有。但是，怎么解决矛盾？这是最关键的问题，也是最难办、最头痛的事情。在与他人的矛盾中，有些人总是得理不饶人，非要证明自己才是对的，咄咄逼人，结果只能把事情越弄越大，越弄越僵，最后无法收场。而懂得做人的人，懂得凡事让三分，少说几句，少争无谓的"理"，再大的矛盾也能大事化小，小事化了，轻松解决。

1502年，伟大的艺术家米开朗基罗来到佛罗伦萨，他要用一块别人认为已经无法使用的石头雕出手持弓箭的年轻大卫。他的赞助人是当时的执政官索德里尼。

工作进行了一段时间之后，雕像快要完成了，索德里尼进入了工作室。他自以为是行家，在仔细地"品鉴"这项作品后，开始对这座雕像品头论足。他站在这座大雕像的正下方说："米开朗基罗，你的这个作品诚然是个杰作，很了不起，但它还是有一点缺陷，就是鼻子太大了。你来看看是不是？"

米开朗基罗知道索德里尼没有鉴赏水平，并且他得出这样的结论是因为观察的角度不正确。但是米开朗基罗什么都没有说，而是拿着工具，让索德里尼跟着他爬上支架。他在雕像鼻子的部位轻轻敲打，一边敲打一边让手里事先拿好的石屑一点一点掉下去，还不时问索德里尼的意见，表面上看起来他是按照索德里尼的意见在修改，但事实上他根本没有改动鼻子的任何地方。

经过几分钟后，他站到一边，问道："现在怎么样？"

索德里尼端详了半天，得意地微笑着回答道："我比较喜欢现在这个样子，更栩栩如生了，这才是最完美的艺术！"

很明显是索德里尼不对，但他是米开朗基罗的赞助人，米开朗基罗知道冒犯他没有任何意义。如果他看不起自己的赞助人，跟他争辩起来，最后可能会胜利。但结果是除了逞一时的口舌之快，不会有任何收获，并且还可能因此而得罪这个赞助人，使自己面临资金短缺的困境，最后可能连这个雕塑都无法完成。他在口头上忍让，没有据理力争，但是并不是因此而对索德里尼言听计从，因为如果改变鼻子的形状，很可能就毁了这件艺术品。对此，他的解决办法是让索德里尼在无意中调整自己的视野——让他靠鼻子更近一点，而不是让他意识到自己的错误。

有些人总想在嘴巴上占便宜。有些人喜欢与人争辩，有理要争，没理也要争三分，即使是开玩笑也不肯以自己吃亏告终。不论国家大事，还是日常生活小事，一见对方有破绽，就死死抓住不放，非要让对方败下阵来不可。他们不知道得理不争，保持沉默就是最好的竞争之术。

虚心的人只会少说多做

　　话说得最多的人，不一定是事做得最多的人。雷声再大，如果雨点太小，也只是虚张声势。实干才是最真的，行动胜于空谈。少空谈，多做事，能实干，能行动，是一个人品质、修养的体现。华罗庚说过："树老易空，人老易松，科学之道，我们要诫之以空，诫之以松，我愿一辈子从实以终。"其实，何止是科学之道，做人之道更是如此。脚踏实地做事，谨慎认真为人，这体现的是一个人的实干精神，求实态度。

　　阿诺德和奥卡姆同时进入一家德国的超市做业务。半年后，奥卡姆成为了公司的业务骨干，被老板委以重任，薪水也不知翻了几倍，而阿诺德还是像刚进入公司那样，领着微薄的薪水，做着同样的工作。看着奥卡姆一副春风得意的样子，阿诺德心里觉得不满意，认为经理对自己太不公平了。

　　于是，一天他推开了经理室的门，向经理发起了深埋在自己心里的牢骚。经理很耐心地听他说完，然后开口说："阿诺德啊，你的情况我们也了解，这样吧，明天早上你先到集市上，看看有些什么东西卖，然后回来跟我说说。"

　　阿诺德爽快地答应一声出去了，心想：这有什么难的。

　　第二天一大早，阿诺德就到了集市上，回来对经理说："经理，今天早上集市上只有一位老人拉了一车土豆在那儿卖。其他就没什么了。"

"哦，是这样啊！那你问了多少钱一斤了吗？大概还有多少斤？"经理问。

听经理这样问，阿诺德转身又往集市上跑去，一会儿回来对经理说："老人说，大约有300斤，两毛三一斤。"

"土豆是什么地方的，你问了吗？是今年的，还是去年的？"

阿诺德又匆匆忙忙地跑去问了回来。经理看着他满头大汗的样子，说："你先坐在沙发上歇一会儿，我让奥卡姆进来，你看看他是怎么去做的。"

经理把奥卡姆叫到了办公室，也让他去集市上看看有些什么东西卖，然后回来告诉他。听经理交代完，奥卡姆转身出去了。过了好大一会儿，奥卡姆从集市上回来了，和经理说集市上只有一位老人拉了一车土豆在那儿卖，然后顺手拿出一个笔记本，把土豆的价格是多少，还能降价多少等一些问题都清清楚楚地说明白了。同时他还让老人把土豆送一些到超市里去，另外老人家里的其他蔬菜也送一些来，因为这几天他们卖的蔬菜都是老人送来的，而且卖得非常好。

经理笑了笑，回头对阿诺德说："阿诺德，你现在应该明白为什么奥卡姆的薪水比你高了吧！"

阿诺德不好意思地点了点头，默默地走出了办公室。

同样是到集市上去看看有什么东西卖，而阿诺德在经理的再三提醒下都没把事情办好，奥卡姆只需要经理的一句话就把事情做得妥妥帖帖的，只是因为奥卡姆对待工作比阿诺德更用心，也更努力的缘故。

进入公司的新职员，都要谨记——少说多做。当一个刚参加工作的人进入一个单位，许多时候，并不意味着他已被这个组织的群体所接纳。他还必须面对领导与同事的种种考察，被领导和同事在心理上接受。只有在心理上被接受了，新同事才能得到大家热情的帮助和照顾。要得到这种心理上的认同，新同事就必须谦虚谨慎，少说为佳。

约翰·格兰特在一家五金商店工作，每周只能赚2美元。他刚进商店时，老板就对他说："你必须对这个生意认真负责、熟门熟路，这样你才能成为一个对商店有用的人。"

"一周2美元的工作，还值得认真去做吗？"与格兰特一同进公司的年轻同事不屑地说。然而，这个简单得不能再简单的工作，格兰特却干得非常用心，充满着责任感。

经过几个星期的仔细观察，年轻的格兰特注意到，每次老板总要认真检查那些进口的外国商品的账单。那些账单使用的都是法文和德文，于是，他开始学习法文和德文，并开始仔细研究那些账单。一天，他的老板在检查账单时突然觉得特别劳累和厌倦，看到这种情况后，格兰特主动要求帮助老板检查账单。由于他干得实在是太出色了，所以之后的账单自然就由格兰特接管了。

一个月后的一天，他被叫到一间办公室。老板对他说："格兰特，公司打算让你来主管外贸。这是一个相当重要的职位，我们需要有责任感、能胜任的人来主持这项工作。目前，在我们公司有20名与你年龄相仿的年轻人，只有你看到了这个机会，并凭你自己的努力，用实力抓住了它。我在这一行已经干了40年，你是我亲眼见过的三位能从工作中发现机遇并紧紧抓住机会的年轻人之一。其他两个人，现在都已经拥有了自己的公司。"

格兰特的薪水很快就涨到每周10美元。一年后，他的薪水达到了每周180美元，并经常被派驻法国、德国。他的老板评价说："约翰·格兰特很有可能在30岁之前成为我们公司的股东。他已经从平凡的外贸主管的工作中看到了这个机遇，并尽量使自己有能力抓住这个机遇，虽然做出了一些牺牲，但这是值得的。"

——摘自山木培训网《校长讲话：你珍惜目前的工作机会吗？》

年轻人往往充满梦想，这是件好事。但年轻人还需要懂得：梦想只有在脚踏实地的工作中才能得以实现。许多浮躁的人曾经都有过梦想，却始终无法实现，最后只剩下牢骚和抱怨，他们把这归咎于缺少机会，也就是缺少责任心的最终结果。

一个普通员工小刘在谈到她被破例派往国外公司考察时说："我和某位同事虽然同样都是研究生毕业，但我们的待遇并不相同，那位同事的职位高一级，薪金高出很多。庆幸的是，我没有因为待遇不如人就心生不满，仍是认真负责地做事。当许多人抱着多做多错、少做少错、不做不错的心态时，我尽心尽力做好我手中的每一项工作。我甚至会积极主动地去找事做，了解领导有什么需要协助的地方，事先帮领导做好准备。在后来挑选出国考察人员时，我是唯一一个资历浅、级别低的普通员工，这在公司里是极为少见的，我也是非常幸运的一个。"

虚心的人，必定是一位少说多做的人，他们会脚踏实地、一步一个脚印地去完成任务，甚至会主动地包揽其他工作，而且没有任何怨言。自然，这样的人也一定会获得成功！

发牢骚之前，请先保持沉默

在日常生活中，每个人都难免遇到被别人指指点点，有的人喜欢你，可能对你多说溢美之词；有的人也许因为嫉妒你的能力而对你妄加评论。面对这些是是非非的评论，你纵有千口万舌也抵不过。此时，你唯一能做的就是保持沉默，而不是发牢骚，因为沉默胜过口若悬河的辩解。沉默是金，沉默是一种智慧。这是古人留给我们的宝贵财富。

很早以前，有一个小国家的派遣使臣到中原来，给皇帝进献了三个一模一样的金人。皇帝十分高兴，爱不释手。但是小国的使臣出了一道难题：这三个一模一样的金人中有一个是最有价值的，看贵国能不能用最简单的方法分辨出来。

皇帝尝试了很多办法，还请来工匠仔细检查，称重量，看做工，发现它们没有一丝区别，这可愁坏了皇帝。要是解决不了这个难题，大国的脸面可就丢光了。皇帝召集大臣，让大臣们想想办法。最后一位老大臣想到了方法。在大殿上，这个老大臣将三根稻草分别从金人的耳中插入：第一根稻草从金人的另一边耳朵出来了；第二个金人的稻草是从嘴巴里直接掉出来；而第三个金人，稻草进去后掉进了肚中，没有出来。老大臣当即对小国使臣说道："第三个金人最有价值。"使节点头称是，连连称赞老大臣聪明。

简单的故事，给了我们一个深刻的哲理。那就是，做人，要多听取别人的意见和建议，谨言慎行，不要随便发表议论。听不进别人意见的人与祸从口出的人都不会成为最终的胜利者。只有多闻慎言，多见阙殆，凡事做到心中有数，才能更好地做人、做事。

著名作家李敖在《沉默》中写道："大体说来，沉默就是进步的表示，沉默的时候是我最进步的时候，我不以为这样说是武断或矫枉过正的，因为沉默带给我缜密的思考、清醒的意识、安定的内心与沉重的情绪，多说可不必说的话只能证明我为人的没有定力，言辞没有分量，这些都是不成熟的表示，一个成熟的公式应该是爱因斯坦所说的A（成功）=X（工作）+Y（游戏）+Z（少说话），因为目前还停留在浅薄与自救的阶段，对任何问题都还没有真知灼见，不，妄言无当、大言不惭，对我这好说好道的人来说，应该是一种很重要的戒条。"

古希腊哲学家泰勒斯说："多说话并不表明有才智"。朱自清说："沉默是一种出世哲学，用得好，又是一种艺术。"生活中无数事实告诉我们，必要的沉默不是软弱，而是理智和大度；必要的沉默不是冷漠，而是内心深处的安宁和淡泊；必要的沉默不是消沉和放弃，而是奋进的前奏。还有一句古老的格言说得好："如果说不出别人的好话，不如什么都别说。"在当今这个压力巨大而又烦躁的社会，到处都充斥着吹毛求疵、流言蜚语和抱怨。在这种环境下，我们更应该运用沉默这种大智慧。

曾经有一个自以为很有才华的人，却常常得不到重用，为此，他觉得非常苦闷。有一天，他找到了一位智者，问："命运真不公平，我空有一身才华却没有施展之地啊。"智者听了他的抱怨，沉默不语，只是捡起一颗不起眼的小石子，把它仍在了乱石堆中，并让那个人将这颗小石子拣出来。结果，这个人翻遍了乱石堆，却无功而返。

此时，智者又摘下自己手上的那枚金戒指，以同样的方式扔到了乱石堆中，并让那个人拣出来。结果，这一次，他很快就找到了那枚金光闪闪的戒指。智者依旧保持沉默，没有说一句话，而那个人仿佛恍然大悟：当我是一颗普通的石子，而不是一块金光闪闪的金子时，就永远不要抱怨命运对自己的不公平。是金子早晚都会有发光的一天。我要做的就是保持沉默，成为一块闪亮的金子。

现实生活中的我们，每天都会面临各种各样的不顺心的事情，心里异常烦躁，抱怨多多。但是，当你沉默下来，静下心来想一想，整理出一条清晰的思路的时候，或许事情就没有你想象中的那么困难了，或许你就不会抱怨命运的不公平了。所以，当遇到挫折时，我们不能只一味地抱怨，埋怨上天不公，而是在沉默中有所准备，抓住有利时机，然后靠自己的勤奋实干，不断磨砺自我，始终保持清醒意识，最终使自己散发光彩，拥有一个美丽的人生。

抱怨是人生发展的障碍，抱怨的过程就是浪费生命的过程。人总是在饱经世间的喧嚣和争斗之后，才会归于恬淡和平静，才能彻悟沉默是无价之宝。沉默是一种气质，也是一种风度，更是一种品格。沉默让你自省反思、慎言慎行，更重要的是能帮你去除满腹的牢骚，有助于你成就快乐的人生。

每天默默地做一点

我们常说：一分耕耘，一分收获；十分耕耘，十分收获。事实上并非如此，很多时候事情的结果并不是简单且公平的，反而往往是：一分耕耘，零分收获；九分耕耘，零分收获。你只有十分耕耘，才会有所收获。

因此，在日常的工作中，我们必须要有多付出一点的想法。虽然这并不是成正比的关系，但你若想要收获多一些，就必须多付出。你希望自己得到一分收获，就要"两分耕耘"；你想要自己得到十分收获，就要"十一分耕耘"，你只有永远多付出一分，多做一点，才能达到自己的目标。

一位著名的大企业家曾用一句话来总结自己成功的经验，就是"多做一点"。确实如此，耕耘多一点，多收获才会成为可能；每天多做一点，才能使自己更接近成功。

同在一家公司里工作，大家都做着与自己同样的一份工作，该如何才能在多数人中脱颖而出呢？方法只有一个，那就是永远多做一点。一天多做一件产品，一个月就多做30件，这其中的差别是巨大的。

著名投资专家约翰·坦普尔顿通过研究，总结出一条重要定律：多一盎司定律。这个定律表明，取得突出成就的人与取得中等成就的人之间最大的差别就是——多一盎司，一盎司只相当于1/16磅，但在这看似微不足道的一点点区别里，却可能使得两人之间出现天壤之别的结果：一个成功，一个失败。

阿尔波特·哈伯德在自己的书中提到了这样一件事：卡洛·道尼斯先生最初为杜兰特工作时，职务很低，现在已成为杜兰特先生的左膀右臂，担任其下属一家公司的总裁。他之所以能如此快速地升迁，秘密就在于"每天多干一点"。

一次，作者在与道尼斯先生谈话时，道尼斯先生平静而简短地道出了其中的缘由："在为杜兰特先生工作之初，我就注意到，每天下班后，所有的人都回家了，杜兰特先生仍然会留在办公室里继续工作到很晚。因此，我决定下班后也留在办公室里。是的，的确没有人要求我这样做，但我认为自己应该留下来，在需要时为杜兰特先生提供一些帮助。杜兰特先生经常找文件、打印材料，最初这些工作都是他亲自来做。很快，他就发现我随时在等待他的召唤，并且逐渐养成了招呼我的习惯……"

卡洛·道尼斯只是每天晚下班一点，每天在公司多做了一点，但是就是因为这一点，使他成为老板的得力干将，他能够受到老板的重用也可想而知了。

——摘自《服从：完成任务的学问》（美）哈伯德，剑东译著
2004年1月出版　当代中国出版社

其实，做的事情越多，得到的经验就越多，而能力自然也就会得到提高。因此，多做一点是实现目标的重要途径。或许有些人会认为，我只是在打工而已，只要把老板布置的任务完成就行了，何必让自己多做呢？多做了老板也不会多给我一分钱。诚然，在你刚开始多做了一点时，老板不会马上给你加薪涨工资，但是你的形象却在他心中美好起来，地位重要起来，当时机成熟，自然老板会给你以补偿。

一个公司的发展过程，其实也是个人发展的过程。永远要将多做一点视为对自己锻炼的好事，不要总是以"这不是我分内的工作"为由来推卸额外的工作，要知道，当额外的工作分配到你头上时，不妨视之为一种机遇。

多做一点，永远比别人多做一点，每天多做一点，看似微不足道的一点，实际上它的作用却极其巨大，这是一种备受欣赏的职场精神。许多人从平凡走向成功，无不跟"多做一点"有很大的关系。

"多做一点"代表了一种积极的工作态度，无论你是管理者，还是普通职员，它都可以成为你成功的砝码，使你得到老板的认可和信赖，从而让你获得更多的机会，那么你的职业生涯也将更加亮丽多彩。

可见，成功与不成功之间的距离，并不是大多数人想象的那样是一道巨大的鸿沟。成功与不成功只差别在一些小小的动作之上：每天花5分钟阅读、多打一个电话、多努力一点、在适当时机的一个表示、表演上多费一点心思、多做一些研究或在实验室中多试验一次。

一个年轻的小伙子叫林海，他原来是一家小公司的普通职员，一年后他成为了一家律师事务所的高级管理人员。这是什么原因呢？

林海原来在一家服务公司当普通职员，他成功地转变是由一件小事引起的。一个星期二下午，公司所有员工都下班走了，但是林海有一个习惯，每天下班以后，他都会在公司里多呆半小时，他要确定所有同事都走完了，再把所有电脑的电源、电灯关了，然后检查所有的门窗是否关好才离开公司。这并不是他的事，但他一直都坚持着这样做。这天他还没有走，一个人走了进来，问他能不能找一名排版人员帮忙，可是他们公司的员工已经下班走了。

林海告诉他，公司所有的员工都回家去了，如果他晚来五分钟，他也要走了。同时，林海表示自己愿意留下来帮他。

工作完成后，那位先生请林海吃饭，饭后他打算给林海一些工作费用，林海坚持不要。几个月之后，林海已经把此事忘得一干二净，那位先生却找到了他，交给他一张聘书，邀请林海到自己的公司去工作，薪水比现在高出一倍。

多做不是吃亏，当你养成每天多做一点事的时候，你就和他人有了质的区别，你具备了其他人无法比拟的优势，在你将来的发展中，你会因为这种每天多做一点事的习惯得到更多的回报和收获。所以，赶快放弃"这不是我的分内工作"的念头吧！把"每天多做一点点"养成你生活中的一种习惯。

沉默之人懂得用学习充实自己

　　我们学习任何知识都有助于自身能力的增长，尤其是在现在的社会环境中，学到有用的知识对于自身而言，将有助于自己与社会保持统一的步伐，并不断超越时代发展的要求，成为时代的宠儿。是的，最好是将豪情万丈的话语转化为一种积极探索求知的欲望，虚心地学习，增强自身的各项能力，是让自己脱颖而出的唯一一条平坦之道。

　　杰克·汉克斯是一家中央空调公司的业务员。我们都知道像这种类型工作的薪水是与业务员业绩挂钩的。如果能够多推销出去几台空调，他所获得的回报也会随之增长。在竞争高度激烈的社会，想让自己脱颖而出，就需要干出一番成绩来。杰克·汉克斯像很多年轻人一样，认为自己有很强的工作能力，应该有更好的发展空间。于是，他对于自己的这份工作便干得不那么尽心尽力了，反而产生了消极混世的情绪，再也不卖力气去联系业务。他每天只是早上去公司去报一下到，然后借口要和客户见面，就离开公司，要么回家看电视打发时间；要么就是去别的公司应聘。可惜的是，虽然他想寻找到更好的工作，但没有一家公司愿意聘用他。

　　有一天，杰克·汉克斯在社区门口遇到了他的一位朋友，像以往一样和他打了一个招呼。

　　那位朋友问："听说你准备从公司辞职，那以后怎么办呢？"

"怎么办？混呗！"杰克·汉克斯说。

"你认为自己真的能找到更好的工作吗？"朋友反问他。

对于朋友的问话，杰克·汉克斯有些不解了，睁大眼睛狐疑地看着他。

"你认为你这样做能找到更好的工作吗？"朋友望着他，在心里叹了一口气，接着说道，"其实，你这是在做一种消极的对抗，你应该尽早地抛弃现在心中的念头，用一种积极的心态去面对所遇到的事情。即使你认为那家公司真的糟糕透顶，不利于你个人的发展，在你还没有找到更好的、更加适合于你的职业的时候，你为什么不把它当作是一种锻炼自己和学习的机会呢？我想这样对你是没有什么坏处的，通过这些能够提高你的能力啊！再说，如果你不愿意出去跑业务，你又何必要采取这种方式白白地浪费自己的时间呢？难道你不能利用这些时间去学习一些有利于自己将来发展的知识吗？"

杰克·汉克斯听了朋友说的话，默默地点了点头。

两个月之后，朋友再次见到杰克·汉克斯的时候，被杰克·汉克斯的那种热情和活力吸引住了。杰克·汉克斯已经变成了另外一个人。

"看来，你现在不错！"朋友笑着说道。

杰克·汉克斯不好意思地笑了笑，说："这一切都要谢谢您上次对我所说的那一番话。我还在原来那家公司。"

杰克·汉克斯的话让朋友感到有些吃惊。杰克·汉克斯看出了朋友心中的疑问，微微一笑说："我现在的这种变化，就连我自己也感到有些吃惊。当我按着你所说的去做之后，在工作的实践之中，让我一次次地体会到了自己原来还有欠缺，我便通过网络和书籍上的知识来充实自己。突然之间，我觉得其实我选择的行业并不像我想象的那么糟，只不过是我自己某些知识上的不足而已。现在，我已经谈成了好几份单子，并且，提升为某个区域的销售主管。"

杰克·汉克斯的成功告诉我们，在现实生活中有杰克·汉克斯开始时念头的人不少，他们不满足于微薄的薪金，总是向往更高的薪水。可是，又不知道该怎样去获取更高的薪水，总是怨天尤人。试想，他们能够取得比现在更高的薪水吗？我们何不改变这种不正确的心态，对自我提出一种更高的要求，默默地将那种对现状不满的消极心态，转化为一种积极探索的求知欲望呢？这样既能增强自身的各项能力，也能为自己脱颖而出奠定基础。

没有知识的人很难在社会上立足，这是因为他们无法做到与社会的发展同步，所以无论在什么时候，学习都是我们生存的重要课题。当你学到了让自己生存的本领，你就可以很好地发挥自己的才能，为自己赢得生活的资本。

现实生活中有许多人都是靠吸收知识一步步地走出来的。

李大志如今是一家实力雄厚的皮革制造公司的总经理，但是，如果告诉你他其实只是一个有初中文化水平的人，也许你会怀疑，那么，他究竟是如何坐到今天的位置上的呢？原来，他初中毕业后迫于生计就到了一家皮革厂打工。上班第一天，李大志就被种类繁多的皮革弄得发晕，在家乡只见过牛皮、羊皮的他似乎第一次明白世界上还有这么多种类的皮革。因为公司转型不久，大家都没有什么经验，工友们说，皮革发僵、变硬、破损等问题经常出现，影响工期，还经常要返工，怎么办呢？晚上回去躺在床上，李大志辗转反侧，他最后想到了书。

第二天一下班，他就奔到书店买了一本《皮革加工1000问》，书的价格是40元，相当于李大志一周的生活费。晚上，他惊喜地发现，几乎所有的问题在书里都有详细的分析、说明。他索性不睡觉了，爬起来，找了一块木板，开始做试验，就这样一直忙到天亮。于是，第二天上班，两眼通红的他解决了一个又一个的难题，而且讲出一套套的理论，同事们看着显得有些亢奋的他惊奇不已。第8天，他被任命为厂里的技术骨干。

一旦钻研起来，李大志发现即使就皮革来讲，知识也非常庞杂，需要继续学习。相关的书很贵，他就每天去书店蹭书看，每天都看到书店关门。有时候会捧着书在厂里呆到很晚，反复地看书、试验。后来他又自学了电脑。机遇总是给有准备的人，学完电脑没多久，公司要调一个人到写字楼工作，有一个前提就是会电脑操作，李大志顺利入选。新的挑战随后开始，李大志被任命为客户代表。一个多月的时间里，李大志没有签到一个客户。在承受着巨大压力的同时，他相信知识可以救自己，他总结后认为：一是因为自己和人打交道有问题，见到女客户甚至脸红，表达能力不好；二是因为自己知识面窄，与接受过高等教育的客户缺乏共同语言，而且不能掌握高学历人群的心理和需求。

于是，他补习社交礼仪、演讲口才、顾客心理、营销策略等方面的知识，一个月之后他见客户不再紧张了，知识给了他自信。在随后的6个月时间里，他签下了450万元的订单，名列公司第一位。

因为在每个岗位都能胜任，李大志逐渐受到重用，先后担任技术监理、销售部经理、客服中心总监等职务。他又开始读《现代人力资源管理》之类的管理类书籍，同时开始为总监的公司员工编写培训教材。

作为高级技术人才调入公司领导层的李大志目前仍然是初中学历，他笑称自己是写字楼里学历最低的人。不过他的下属都很服他，他们说，李总相当专业，也很健谈。8年的时间，他改变了自己的人生，凭借的是对知识的不断渴求。

——摘自《管理好学习在主动自发中快乐学习》作者：汤晨龙 2014年10月出版

只要不断地学习，不断地积累知识，就一定能让自己脱颖而出。为了自己的将来，再累再忙，也要挤出时间来学习，并且，要让学习变得有意思起来。为了能够提升自己的知识和专业技能，为了明天不再像现在这样碌碌无为，我们一定要像海绵一样，从有限的时间中挤出时间来学习，让自己的才华不断提升，永无止步。

无论时代如何进步，知识始终都是支撑时代发展的重要动力。所以，对于个人而言，要让自己在短时间之内取得快速的进步，唯一的办法就是放弃自己的豪言壮语，转为学习知识。

一次默默地行动，胜过千言万语

有一类人，是所谓"思想上的巨人，行动上的矮子"。他们谈起理想、抱负、目标，可以滔滔不绝，显得志向远大、思想不凡，可是拿出的行动却区区可数。就好比他们的"理想之舟"，停泊在一个"下次开船港"中，迟迟不扬帆出航，明日复明日，最终"万事成蹉跎"。

当人遇到挫折或难以解决的问题时，便脱离实际，想入非非，把自己放到想象的世界中，企图以虚构的方式应付挫折，获得满足。白日梦便是一种幻想，如果白日梦代替了有意义的行动，就会成为逃避现实的手段，也可能成为心理变态的征兆，发展成为幻想症。

幻想是美丽的，现实是残酷的。幻想只是一种感觉，其实大家应该多了解真实的世界。如果想要人生有成，就应该立足于现实，尤其是为人处世时，更不可不切实际，否则就无法切实地解决问题，求得改变与发展。

人们经常会产生矛盾的心理，一方面渴求成功，一方面又逃避成功，在这种心理的作用下，有的人最终成为只会幻想不会行动的"超人"。

因为害怕遭遇失败，那些自我圣化的人便表现出对成功的恐惧。也许他们本能地觉得，自命不凡只是他们一种强迫性的自我满足的需要，而真正的成功并非一厢情愿就能得到的。

某年的春晚，一位杰出的战斗英雄一段声情并茂的演唱，一夜之间风靡全国。可是，时隔不久，某报就登出了一篇有损英雄名声的文章，引起了轩然大波。一场"名人官司"随即拉开了序幕。

然而，当人们看到这场诉讼官司的主角之一——某报记者时，突然觉得这一切都显得那么荒诞。

这名记者是一个充满"理想"的人，常常以"伟人"自诩。"上帝死了，我就是上帝。"他经常神经质一般念叨着尼采的语言，怀揣着"天才"的幻想。他从小就具有逆反的性格，躁动不安的心情使他很敏感。他对自己怀着莫大的期望，他甚至坚定地相信："当代如果有一个思想家，那必定是我，这毫无疑问。"因此，他总是在窥视外界发生的一切，寻找一鸣惊人的机会。他信奉"即使不能流芳百世，也要震撼一时"。

在生活上，他没有规律，吃饭早一顿晚一顿，有一餐没一餐。出门衣冠不整，做事丢三落四。有熟人打趣他让他注意仪表，端正举止，他却把一只又脏又臭的脚放在拉开了的抽屉里，说："你知道什么啊，很多大人物都是有怪癖的，生活上不拘小节、放浪形骸，我只是小巫见大巫。"

他以伟人为楷模、为蓝本，生活在自己营造的"伟人"境界中。显然，对于伟人的精神内涵，他并没有领会透彻，只能凭借怪异的言行来模仿伟人之"僻"。

总而言之，他不能想象自己是平庸的。

恰好，一场官司使他声名鹊起，正如他所愿，"未能名垂青史，却足以醒人耳目"。在官司之后，有朋友便开玩笑说："我敢打赌，百年以后，保证会有演员来扮你的角色，你的这场官司肯定具有划时代的历史意义……"

听了这话，他感觉特别好。渐渐地，他习惯性地以此为荣。初到一地，与人初谈，他必谈官司，诉说他如何顶住了各类新闻媒体犹如千军万马般的攻势。

不过，在官司中，他败诉了。

于是，这个失败的"英雄"一下子又成了"祥林嫂"，开始絮絮叨叨地对人诉说着自己的不甘。他不愿意放下自己的幻想，而是一直沉睡在成功的迷梦中。他把自己的履历、发表的文章打印成册，四处散发，希望在哪一天遇见伯乐，获得出人头地的机会。

后来，他因不愿意接受上司的工作安排，一怒之下放弃了安定的工作。其实，他真正无法忍受的是他的"平庸"现状以及由此引起的内心焦虑。

然而，尽管他"心怀远大"，再次谋职却让他历经坎坷、磨难。他闲逛了好长一阵子，高不成低不就，直到生计成了问题，他才把家中的书拿到街上去摆地摊。放下了那些矫饰的伟人颜面，打破了幻想，他也逐渐认识了自己。

生活教会了他很多东西，他开始走出心灵的困境。他终于接受了自己的普通与平凡，不再掩耳盗铃。原来的桀骜不驯、我行我素、自高自大的态度，已经随着生存竞争的洗礼而有所改变。

——摘自《一生要避开的26个心灵陷阱》肖悦著 2010年1月出版

一个人把自己构思成理想的形象，是因为他不能容忍自己的真实形象。自我美化、自我圣化固然可以用来抵消其不美的真实形象，但是，一旦把自己抬得过高，便不能容忍真实的自我，甚至还会引起恼怒和自我鄙视，并且因为自己达不到那种要求而烦躁不安。想象中的自我与真实的自我使他左右为难，并且这种矛盾和冲突削弱了他的能力，使之成为思想的巨人、行动的矮子。要摆脱这种情况，就要正视自己的能力，不做不现实的幻想，只有从美好的幻想中走出来，积极行动，才能有真正的成就。

很久以前，澳大利亚有一位年轻人，他家世代以养羊为生。到了他这代，经过努力，羊群数量逐年递增，已经发展到10万只的规模。为此，年轻人感到十分自豪，但又有些困惑。因为，尽管他一再努力，羊群的数量却只维持在10万只上下，不再增长，他非常不解。

有一天，他的爷爷来到他放牧的农场。见爷爷来了，年轻人便用手指着漫山遍野的羊群，把自己的疑惑告诉了爷爷。

爷爷只说了一句："我也一样。"

年轻人大为不解，正要细问缘故，爷爷却一声不响地走了。年轻人不明白爷爷所说的那句话到底是什么意思。

夜幕降临，四散的羊群逐渐安静下来。淡淡的月光下，他望着一望无际的羊群若有所思。因为最近一段时间，每当夜幕降临时，他总能听见羊群发出的哀号。第二天，至少有50只羊被咬死、肚子被撕开，而被咬伤的羊羔数量更是无以计数。他想不到这是谁干的？

一天，一位动物学家经过牧场。年轻人求教于这位专家，才知道事情真相。原来，在澳大利亚境内有一种野狗，是澳洲的头号食肉兽，估计整个澳洲约有100万只。正是这种动物的存在，才使他的羊群数量不再递增。年轻人忽然想起爷爷说过的"我也一样"的话，原来，早在爷爷放牧的时代，就存在这种情况，只不过，谁也没有办法解决而已。

既然问题已经找到，能不能彻底解决呢？善于思考的他又开始了富有想象力的思维。他决心在全澳大利亚建一道防护墙。但年轻人的想法遭到了家人的极力反对。几千公里的围墙，不但耗资巨大，而且极难维护。但他还是决定把自己的想法付诸行动。

刚开始，年轻人一个人在自家的牧场周围用铁丝网筑起了一道防护墙，后来，他就沿着自家牧场往四周扩展。防护墙一点点延伸着。他的这种做法感染了周围的其他人。于是，越来越多的人加入了筑墙的行列，以至于政府也开始关心和资助由他发起的这项筑墙运动。

一年以后，一道从南澳洲大海湾向东延伸，经新南威尔士，穿过昆士兰东部，抵达太平洋沿岸的高1.8米、下部由小眼铁丝网、上部由菱形铁丝网、顶部由带刺铁丝构成的世界上最长的防护墙建成了。由于它的建成，澳大利亚的羊群数量猛增。它像一条河在澳洲大陆上蜿蜒着，穿过沙丘、石头山、茂密的灌木丛和荒芜的平原，保护着越来越多的羊群。

许多年过后，这道防护墙成为了澳洲人为之自豪的一处旅游景点。前来旅游的人们善意地称它为"爱心围墙"。

——摘自《心态左右你的人生》作者：龙染 2011年10月出版

好的想法是成功的一半。一样的环境，一样的问题，就因为年轻人想法与祖辈不一样，并且付诸行动，问题才得以解决。

　　梦想是不能等待的，尤其不能以实现另外一个条件为前提。实现梦想的关键是能否果断地采取行动。行动才是最强大的力量。所以，不要整天谈论自己的梦想，而是默默地将它付诸实践吧！

第二章

随和的人拥有虚怀若谷、海纳百川的传统美德

虚怀若谷道出了谦逊是人的一大美德，更是一个人在人生之旅中不断向前的必备因素。谦虚的人能永不满足，正视自我，从而善于学习别人身上的长处来弥补自己的不足，不断提高自身的修养水平。海纳百川就是要有一颗宽容的心。《尚书》云："有容，德乃大。"荀子主张："君子贤而能容罢，知而能容愚，博而能容浅，粹而能容杂。"可见，立身处世一定要有容人雅量。唯有如此，才能以宽容赢得别人的尊敬。

骄傲会让人迷失自我

谦虚谨慎使人清醒地认识到天外有天，人外有人，明白世界上的知识是无穷无尽的，自己所掌握的一点不过是九牛一毛，沧海一粟，根本就没有骄傲的资格。骄傲的人忘乎所以，不知天高地厚，认为全世界唯其独尊，以为世上没有人能比得了自己，从此迷失了自我，不再努力，结果终把自己毁掉。

伊索寓言中有个故事：有一只狐狸喜欢自夸自大，它以为森林中自己最大。一天傍晚，它单独出去散步，走路的时候看见一个映在地上巨大的影子，觉得很奇怪，因为它从来没有看过那么大的影子。后来知道是它自己的影子，就非常高兴。它平常以为自己伟大，有优越感，但一直找不到证据可以证明。为了要证实那影子确实是自己的，它就摇摇头，那个影子的头部也跟着摇动，这证明影子是自己的没有错。它就很高兴地跳舞，那影子也跟着它舞动。它正得意忘形时，来了一只老虎。狐狸看到老虎也不怕，就拿自己的影子与老虎比较，结果发现自己的影子比老虎大，就不理它继续跳舞。老虎趁狐狸跳得得意忘形的时候扑过去，把它咬死了。

饿昏头的人有时真的会相信，在本来空无一物的地上看见了食物。由于尊严匮乏造成幻象，也常使人错生"优越感情结"的海市蜃楼。从这种错误的心理出发，表现出自以为是、我比你行、刚愎自用的傲慢态度。幻象总是比较显著地出现在一个人生命中最自卑的地方，以便身体的平衡系统帮他从自卑的郁结中解放出来。

骄傲并不是自尊或自信，而是过度的自我意识使然。有一位哲学家说："一个人若种植信心，他会收获品德。"一个人若种下骄傲的种子，他必收获众叛亲离的果子，甚至带来不可预知的危险，就像那只自夸自大、自我膨胀的狐狸一样。

人因自谦而成长，因自满而堕落。成功固然值得自豪，然而自傲就是自暴，自满就是自弃。老子《道德经》中说："生而不有，为而不恃，功成而不居。"又说："功成名遂身退，天之道。"如果成功之后，只知自我陶醉，而迷失于成果之中停滞不前，那就是为自己的成就画下句号。

有人会说，大凡骄傲者都有点本事，有点资本。你看，《三国演义》中"荆州"和"失街亭"的关羽和马谡不是都熟读兵书，立过大功吗？这种说法其实是只看到了事情的表面，而没看到事情的本质。关羽之所以"大意失荆州"，马谡之所以"失街亭"，不正是因为他们自以为"有资本"而铸成的大错吗？

奥地利在滑铁卢战役前夕已经看出了法国即将战败的端倪，这是奥地利王朝所不愿看到的结果，为此它暂时没有加入新的反法同盟，而是派出外交大臣进行调解，希望法国与反法同盟握手言和。应当说，这对法国是十分有利的，也是争取奥地利至少保持中立地位的良机，但拿破仑被自己以往的胜利蒙蔽了眼睛，他认为自己继续作战必胜无疑。

因此，他不仅不把奥地利外交大臣梅特涅的意见放在眼里，反而认为这是对他的一种侮辱，他怒火中烧，大骂奥地利外交大臣梅特涅："啊！梅特涅！你说说，英国给了你多少钱，让你扮演这个角色来反对我？好吧，让战争爆发吧！再见吧，我们在维也纳再见吧！"

这种侮辱对欧洲的一个大国来讲是无法忍受的，奥地利很快便投入了同盟国的怀抱，随之而来的便是法军的惨败。傲慢是一把自杀的利剑，有多少人因为自己的傲慢而一意孤行，最终败走麦城。面对自己所取得的成绩应该自豪，再接再厉，但不能被这些成绩冲昏头脑，以致最后一败涂地。

我们说，一个人有一点能力，取得一些成绩和进步，产生一种满意和喜悦感，这是无可厚非的。但如果这种"满意"发展为"满足"，"喜

"悦"变为"狂妄"，那就成问题了。这样，已经取得的成绩和进步，将不再是通向新胜利的阶梯和起点，而成为继续前进的包袱和绊脚石，那就会酿成悲剧。

有一角力高手，浑身足有360种解数，每逢比武，灵活变化，交替使用，所以，每次出手都各不相同。他最喜欢的是长得英俊的那个小徒弟。他把自己的本事教给他359种，只保留一招未传。小徒弟力大无比，学成后谁也敌他不过。

后来，小徒弟跑到国王面前夸下海口，说："我之所以不愿胜过师父，只因敬他年老，又看他毕竟是自己的师父。其实，我的本领和力气，绝不比师父差。"

国王见他这样目无师长，很不高兴，令他师徒二人当着满朝达官贵人的面，进行比武。那青年耀武扬威，不可一世地走进赛场，像头愤怒的大象，仿佛他的对手是一座铁山，他也能把他推倒。

他的师父见他力气比自己大，只好使出留下未传的那最后一招，一把将他扭住。他还不知怎样招架，就已经被师父举过头顶，抛在地上。满场的人都欢呼叫好。国王赏赐师父一袭锦袍，并斥责那青年说："你妄想和你师父较量，可是你失败了。"

徒弟说："陛下！他胜过我并不是凭力气，而是用他留下没教的那一点儿小本事，才把我打败的。"师父说："我留下这一招，为的就是今天。"徒弟听完后羞愧难当。

——摘自读趣网《世界上最伟大的推销员—第三章 如何在人生中推销自己（6）》

真正有本事，胸怀大志的人是不容易骄傲的，这是一个人的修养达到较高境界的表现。倒是那些胸无大志的人，一知半解的人，很容易骄傲。这说明骄傲的程度与愚蠢的程度成正比，与成功的概率成反比！要想在成功的道路上走得既坚定又稳健，必须戒骄戒躁，永不自满。千万不要做半瓶子醋，要以一种空杯为零的态度虚心学习，养成积极进取的良好学习习惯，这样，我们才会在有所成绩的基础上更进一步，才会有成功路上坚实的步履。

自负的下一步就是无知

俗话说："知人者智，自知者明。"人生最可怕的事情就是不能正确看待自己。每个人都有爱表现的心理，有的人懂得谦恭之道，所以没有过分的言行，而有的人则喜欢炫耀自己，拿自己的优势招摇，唯恐别人不知道。这样的人往往没有多少才学，即便有点才学也会因为自负而走入认识的盲点，要知道，自负离无知只有一步之遥。

在一列火车上，一个戴眼镜的人正在向坐在他对面的漂亮女孩自我吹嘘。他口若悬河地讲述自己的人生经历，听了他的一番高谈阔论，大家才知道他原来是某名牌大学数学系的博士生。当这个博士生向女孩讲述数学的奥秘时，女孩似乎完全入了迷。

这时，坐在博士生旁边的一个看似民工的年轻人说话了："这位大哥，听你说了对数学的一些见解，我十分佩服，正好我这儿有一道数学题，你能否帮我算算？"

博士生被人打断，显得有些不高兴，但听对方要请教问题，便不由得显出了傲慢的神色，他白了年轻人一眼说："什么题？你不妨说出来，大家一起研究研究。"

年轻人笑着说："也没什么，前些天和家中通电话，我侄女向我求教，是一道小学五年级的题。"

博士生听了这话，脸上有些不屑地说："你真是不知天高地厚，拿道小学数学题找一名名校数学系的博士生做，这也太可笑了吧。"

"呃，既然大哥你这么说，那就算了。"

博士生摆摆手，把头一抬说："把题拿来吧，我看看。"

年轻人开玩笑似的说道："那你就试试吧，要是给难住了，可别怪我。"

博士生自负地答道："哼，小学数学题能难倒我？你别胡说了，赶紧出题吧。"

年轻人点了点头，便把题说了出来："3个'5'、1个'1'，每个数字只准用一次，数字的顺序可以随意排列，但结果必须是'24'，不过有一条，那就是必须用小学生学过的四则运算法则。"

"我还以为什么题呢，你等着，一会儿就给你答案。"

博士生说完，拿出纸和笔开始计算。年轻人看了一会儿博士生的解题方法笑了一下，便靠着椅背闭目休息。

时间一分一秒地过去了，列车快到终点站的时候，博士生已经算了近5个小时，但是依然没有得出结果。

博士生有些坐不住了，他感觉自己要崩溃了。万般无奈之下，博士生推醒了正在睡觉的年轻人，说："兄弟，你确定这个题目有解吗？这是什么破题啊，你不是在耍我吧？"

年轻人揉了揉眼睛，偏着头看着博士生，说："你确定这个题目没有解，而不是你做不出来吗？"

博士生又低头看了看自己的解题步骤，觉得其中并没有什么纰漏，便大声地说："我肯定这题根本没有答案，你要是能解出来，我就跳火车。"

年轻人呵呵一笑说："大哥，你把话收回去吧，别把话说满了！"说着，他拿过纸和笔，只几秒钟的工夫，就在纸上写出了算式：

$(5-1 \div 5) \times 5 = 24$

博士生拿出稿纸，看了半晌，脸刷地一下红了。

自负感的产生往往源于已经获得的一些成绩，是自满情绪的进一步恶化。可以说有自负感的人，也有一定的资本，但他们在成功面前不小心失去了自我，以为自己已成了人物，听不进去他人的劝谏。

夏夜的屋角，一只气喘吁吁的苍蝇碰到了一只悠闲的蚊子。

蚊子问苍蝇："为什么跑得这么急啊？"

苍蝇回答："我刚才被人拿着苍蝇拍追，差点就完蛋了，要不是我跑得快……"

"干嘛那么怕人类呢？"蚊子轻蔑地打断了苍蝇。

"难道你不怕他们？"苍蝇吃惊地问。

"那当然！"蚊子不屑地挥挥前爪，"他们还应该怕我咧！"

"哎？"苍蝇瞪大了眼睛，"怎么回事？"

"你来，我带你看一样好东西。"说完，蚊子连拉带拽地将苍蝇拖进了书房。

书房的桌子上摆着一本打开的书，是本关于哲学方面的书，他们就落在了那本书上。

"看看吧，上面是怎么写的。"蚊子指着书中的一段傲慢地说。

"一只蚊子在大洋的另一边扇动翅膀，可能会引起美国气候的改变……"苍蝇纳闷地读道。

"哈哈哈……"蚊子狂笑着，说，"看到没有，可以引起美国气候的改变！以前我都不知道自己有这个能力，没想到我这么厉害！现在我还怕什么人类，我只要轻轻地扇一下翅膀，他们就会被吹到九霄云外去……"

这时，一只壁虎出现了。苍蝇先看到，拼命地飞起来，并对蚊子大喊："快跑啊！有壁虎！"

蚊子不屑地瞄了他一眼，说："我连人都不怕，小小的一只壁虎能奈我何？看我不把你扇到世界尽头去！"于是，非常自信地扇动着翅膀向壁虎走去。

壁虎张开嘴，舌头一弹，蚊子不见了。苍蝇看到，叹了口气，摇摇头，飞走了。

——摘自众人皆醒我独醉的博客《压力病：现代人的心理压力（二）》2011.7.2

自视过高的蚊子终于付出了失去生命的惨痛的代价，这不能不说是他咎由自取。想想，蚊子如果不是过于自负，假如对于苍蝇的劝阻他能听得进去，那么，他就不会如此轻易地丢掉性命。

自负者因为过于自信，总是仰着头走路，他们常常趾高气扬，昏昏然不辨东西，等待他们的，不是迷途就是跌跤！所以，做人还是谦虚一些为好。

在谦虚中走向成功

古人说："三人行，必有我师。"无论是在他人的经验中或书本上，只要自己养成随时学习的习惯，就能够获取更多的知识。永不骄傲自满，是最好的学习态度。学海无涯，艺无止境。知识的不断充实与丰富，完全有赖于自身的不断努力和谦虚谨慎的良好心态。想让自己在这无涯的学海中搏击风浪，拼搏进取吗？那好，从现在开始培养谦虚谨慎的良好品质吧！

凡是文明的民族、礼仪之邦，均注重培养做人要谦虚，做事要谨慎的良好习惯。

著名相声演员牛群36岁得子，取名牛童。儿子4岁时，牛群就教他下棋。开始儿子老输，输了就哭，牛群高兴极了，说："知道哭，说明儿子在乎输赢，孺子可教也！"每次下完棋，牛群等儿子哭完了，就耐心告诉他输在哪儿，然后爷儿俩再战。哭的次数和输的次数多了，儿子的心理承受能力强了，就不再输一盘哭一次，明明心里很难受，却能强忍着不流泪。

妹妹的儿子比牛童大一岁，牛童叫他小哥哥。小哥哥语文成绩好，作文常在全校广播，因为他特别喜欢看课外书。牛童不爱看书，更怕写文章，小哥哥就笑话他。牛童爱面子，不得不经常抢着书本看，时间一长，也看上瘾了。牛童数学成绩好，尤其电脑学得好，第一次参加全国大赛就夺得三等奖。为了让两个孩子竞争，保持谦虚谨慎的心态，在计算机大赛前，牛群买了一些黄白扣子，黄扣子当"金牌"，白扣子当"银牌"。

他又弄来两面小旗子，一面旗上画头牛，另一面旗画只鼠。因为两个孩子一个属鼠，一个属牛。牛群规定，谁赢了就升谁的旗，"鼠"哥哥得了"金牌"，升"鼠旗"；"牛"弟弟得了"金牌"，升"牛旗"。比赛前几天，不用大人催，小哥儿俩一个赛着一个地起早。有一天凌晨3点，两个孩子就起床摸黑练计算机。这一年，小哥儿俩双双夺得全国一等奖，一人抱回一台电脑。

——摘自原创文学网《为人要谦虚—第二章地低成海，人低为王》

牛群有意识地安排两个孩子一起学习，互相学习，取长补短，收到良好的效果。牛群对自己的儿子和妹妹的儿子的培养教育是比较成功的，他通过实际行动让孩子知道了谦虚地做人，谨慎地做事。

如果你的计划很远大，很难一下子达到，那么，在别人称赞你的时候，你就把现在的成功与你那远大的计划比较一下，相比将来的宏伟蓝图，你现在的成功还只是万里长征的第一步，根本不值得去夸耀。这样一想，你就不会对此前的一点小成就沾沾自喜了。

洛克菲勒在谈到他早年从事煤油业时，曾这样说道："等我的事业渐渐有些起色的时候，我每晚把头放在枕头上睡觉时，总是这样对自己说：'现在你有了一点点成就，你一定不要因此自高自大，否则，你就会站不住，就会跌倒的。因为你有了一点开始，便俨然以为是一个大商人了。你要当心，要坚持着前进，否则你便会神志不清了。'我觉得我对自己进行这样亲切的谈话，对于我的一生都有很大的影响。我恐怕我受不住我成功的冲击，便训练我自己不要为一些蠢思想所蛊惑，觉得自己有多么了不起。"

正因为有了这种时刻保持清醒的理智心理，洛克菲勒的事业才得以稳步发展，日臻兴盛。

有许多人之所以失败，不是因为他的能力不够，而是因为他觉得自己已经非常成功了。他们努力过，奋斗过，战胜过不知多少的艰难困苦、流血牺牲，凭着自己的意志和努力，使许多看起来不可能的事情都成了现实。然而当他们取得了一点小小的成功，便经受不住考验了。他们懒怠起来，放松了对自己的要求，往后慢慢地下滑，最后跌倒了。在古往今来的历史上，被荣誉和奖赏冲昏了头脑而从此懈怠懒散下去，终至一无所成的人，真不知有多少……

当迪普把议长之职让出来以拥护林肯政府的时候，在一般人看来，由于他的贡献，不知该受到多么热烈的欢呼、称赞才好。然而，他说："傍晚我当选为纽约州州长，一小时之后又被推选为上议院议员。不到第二天早晨，好像美国大总统的位置，便等不及让我的年纪足够后就落到我头上了。"他用这种调侃，善意地批评了别人对他的夸大赞扬。

虽然迪普那时很年轻，但是头脑很清醒，并不因为别人对他的那种夸张的称赞而自高自大，不因为别人的奉承而趾高气扬。这也是他能在政坛上步步上升的原因。

你能够承受得住突然的成功吗？要衡量一个人是否真正能有所成就，就要看他能否有这种承受的能力。福特说："那些自以为做了很多事的人，便不会再有什么奋斗的决心。"所以，要想成功，就不要整天目中无人，而是要低调处世、谦虚对待周围的人！

原谅别人的过错，快乐自己

宽容是一种对事、对人洒脱的人生态度，它不同于忍让，因为宽容的人的内心，从来就不曾有过怨恨，而忍让则是经过一番思想斗争，在怨恨发泄出来之前将其化解掉。可以说，宽容的境界比忍让更高一层。

在传统观念中，宽容向来被视为一种美德，但是，现代心理学家提醒人们，宽容不仅仅是一种美德，它还是一种保持心理卫生的心理健康之道。有的心理学者甚至提出了这样的口号——宽容是心理健康的"维生素"。

人活在世上，要与各种各样的人打交道，这些与之交往的人中肯定会有不合其胃口的人，所以，有怨恨、愤怒等情绪也是在所难免的。宽容则会使一个人尽可能少生气、少发怒，把你的生气频率、发怒频率降到最低点。

在这个充满矛盾的世界，我们要学会适应环境，学会忘记过去，学会原谅别人，才会在生活中游刃有余，才能看见生活中更为精彩的所在。保持与人为善的良好心态，学会原谅别人的过错，我们的人生将会更加美好。

夏原吉是湖南湘阴人，是明宣宗时的宰相，为人宽厚、豁达，素有君子之风。

有一次，夏原吉巡视苏州，婉言谢绝了地方官员的招待，只在客店里进食。厨师做的菜太咸，使他无法入口。他仅吃些白饭充饥，并不说出原因，以免厨师受责。

随后，夏原吉巡视淮阴，在野外休息的时候，不料马突然跑了，随从追击了好久，都不见回来。夏原吉不免有些担心。

此时刚好有人路过，夏原吉便上前问道："请问你看见前面有人在追马吗？"

话刚说完，没想到那人却怒目对他答道："谁管你追马、追牛？走开！我还要赶路。我看你真像一头笨牛！"

这时，随从正好追马回来，一听这话，立刻抓住那人，厉声呵斥，并要他跪下向宰相赔礼。

可是夏原吉阻止道："算了吧！他也许是赶路辛苦了，所以才急不择言。"便笑着把路人放走。

有一天，一个老仆人弄脏了皇帝赐给他的金缕衣，吓得准备逃跑。

夏原吉知道了，便对他说："衣服弄脏了，可以清洗，怕什么？你就安心留在府里吧。"

又有一次，一位刚进相府不久的年轻仆人，在给他收拾书房时，不小心打碎了他心爱的砚台，一直躲着不敢见他。

夏原吉便派人安慰他说："任何东西都有损坏的时候，我并不在意这件事呀！"

因此，夏原吉家中不论上下，都很和睦地相处在一起。

当夏原吉告老还乡的时候，寄居途中旅馆，一只袜子湿了，叫伙计去烘干。伙计不慎，袜子被火烧了，伙计却不敢报告。

过了好久，伙计才托人请罪。夏原吉笑着说："怎么不早告诉我呢？"就把剩下的一只袜子也扔掉了。

夏原吉回到家乡以后，每天和农人、樵夫一起谈天说地，显得非常亲切。不知道的人，谁也看不出他是曾经做过朝廷宰相的人。

——摘自《南怀瑾人生哲学：慎独慎行》作者：项前 中华工商联合出版社 2015.12

也许你没有夏原吉那么高的职位，也许你只是一个平凡的人，但是，你一定能像他那样具有忍让、宽容的美德。这一点，平凡人也能做到。

人活在世上，并不是孤孤单单的一个人，周围有着各式各样的人。在和生活中的人打交道时，不可能特别认真。假如过于认真的话，你就会发现，在生活中做一个追求完美的人非常难。只有豁达的人才会快乐，豁达是一个人的美德，豁达的胸怀能包容一切。

在这个世界上，每个人都以独立的个体存在，都希望以自己的方式歌唱，以自己的方式绘画。你有你的经验，你的环境，你的生活方式，这些都是由自己的期望所造成的。但是不管怎么样，你只能专注地耕耘自己的小园地，只能在自己的生命乐章中奏出属于自己的音符。我们不可能去对别人的生活指手画脚，乱加指责。

对生活中的一些事，我们不能不认真对待，据理力争。如是与非，真理与谬误，等等。对某一些人，也不能不闻不问，任其肆无忌惮。但是，当他们最终意识到了自己的谬误时，我们仍可以大度地说一声"没关系"，因为我们恪守的是对事不对人的原则，其着眼点并不在于人如何，而是事情的结果如何。

智勇双全的蔺相如，先在秦廷战胜了残暴的秦王，完璧归赵，不辱使命；后在渑池迫使秦王为赵王击缶，维护了赵国的尊严。由于如此巨大的功绩，蔺相如被拜为上卿，地位超过了赵国宿将廉颇。这事惹恼了急躁刚直的廉老将军。他说："我出生入死，攻城野战，功勋卓著，才赢得眼下的高位。那蔺相如有何本领？他不过是摇唇鼓舌，和秦国打了两次交道罢了。他原来地位那样低贱，现今却官居我之上，我怎能咽下这口气？见到他，非羞辱他一顿不可。"

蔺相如听说这事，每逢上朝就经常推托有病，不肯和廉颇争位次先后，有时外出，远远见到廉颇的车马，蔺相如就急忙令人把车赶到小巷子去。蔺相如的门下看到这些情况，颇为不解，纷纷说："我们仰慕您高尚的人品，才投到您的门下。现在您位居廉颇之上，他说出那样难听的话，您居然躲起来，害怕得不得了。对那种难听的话，平民百姓都难以忍受，何况像您这样的大臣呢？我们没什么本领，请允许我们辞别吧！"面对众门客激烈的言辞，怎么辩解呢？蔺相如先不做解释，故意岔开话题，问了一件似乎与此无关的事："你们看廉将军和秦王两人哪一个厉害？"

"廉将军当然不如秦王！"众门客异口同声地回答。

"那么，秦王有那样大的威风，我敢在秦廷大声叱责他，还敢责骂他的文武高官，难道我还会害怕廉颇吗？我所想的是，强暴的秦国之所以不敢发兵侵扰赵国，只是因为我和廉颇两人在罢了。现今两虎相斗，必有一伤。我这样避让廉将军，就是把国家的利益放在前面，而把私人的恩怨放在后面啊！"

众门客顿时醒悟。蔺相如的宽容大度也令人由衷折服。这些话传到廉颇耳中，这位久经沙场的老将军羞惭不已，立即上蔺府"负荆请罪"。此事在历史上留下了一段美谈。

——摘自百味论坛网《厚德载物，雅量容人》2011.2.6

宽容他人，就是拯救自己，只有宽容他人的不是，才能快乐你自己。每个人都会有点毛病，甚至很大；每个人都会有点脾气，无论男人还是女人。不要拿别人的错误来惩罚自己。

原谅是一种风度、一种情怀、一种溶剂、一种相互理解的润滑油。原谅像一把伞，它会帮助你在雨季里行路。

原谅自己不能成就伟业，不能出人头地；原谅自己不能才华横溢；原谅自己没有成为富翁；原谅自己，别紧紧抓住自己的弱点、缺点、过失不放，太苛求自己，只会使自己丧失自信和勇气，放弃希望与上进心。要学会放下包袱，给自己解压，相信以后的人生还有机会。

面对千差万别的现实世界，宽容是我们现代人适应时代社会的必要素质，是我们的必然选择，一味敌视别人或不能原谅别人，那么在伤害别人的同时，也伤害了自己。

用宽容眼光看待缺陷之人

"人活一张脸，树活一张皮"，古人很早就对人格的尊严做了形象的比喻。可见，人格尊严对一个人来说是何其重要。"人生一世，草木一秋"，人生，是何其短暂，所以，很多的人就更加重视自己人生的质量。

古之韩信忍胯下之辱、勾践卧薪尝胆，他们忍受了这么多的奇耻大辱，到了最后还是取得了成功，报了当时的屈辱之仇。可见，没有一个人是愿意忍受那种有失人格、丧失人格尊严的侮辱的，除非他们是在忍辱负重，他们有把握取回今天的付出。

所以，我们不要试图去揭人之短，偏颇己见，只看到别人的弱点，用别人不好的地方侮辱人，或让他人有失人格尊严。那样，即使他当时不予还击，日后，定会记恨你一辈子，甚至令你为此而付出沉重的代价。

学会宽容别人，就要做到不只注重别人不好的地方。如果别人有生理缺陷，就不要当众拿此类的话题来开玩笑；如果别人有绰号，在朋友之间是无所谓的，但在正式场合切不可使用；如果别人屡试不第，你就不应该当众问他此类的问题，让他难堪……

不在众人面前议论他人的不好之处，不仅是对他人的尊重，更是一个君子宽容心态的表现。如果你和朋友反目成仇，你还能宽容朋友的短处，那你一定是个真君子；相反，如果在这个时候，你经常谈到朋友的坏处，还经常当众揭人之短，透露他的隐私，甚至无中生有，捏造事实中伤朋友，那么，不仅表明了你是一个小人，而且你终将受人唾弃，失去许多的朋友。

宽容是一种人生境界。树有千姿，花有百态，光有七色，乐有八音。社会生活，异彩纷呈。宽容，就是山不厌高，水不厌深，海纳百川，不择细流。有宽容之心的人，才能做到尊重差异，尊重个性，兼收并蓄，博采众长。

宽容是一种博大的胸怀。"莫将自己心田昧，休把他人过失扬。"宽容，就是心存容人之量，常为他人着想。有宽容之心的人，才能正确对待自己、他人和社会，才能正确对待困难、挫折和荣誉，才能变冲突为祥和、化干戈为玉帛。

富兰克林说："世界上有两种人，他们的健康、财富以及生活上的各种享受大致相同，结果，一种人是幸福的，而另一种人却得不到幸福。他们对物、对人和对事的观点不同，那些观点对于他们心灵上的影响因此也不同，苦乐的分界也在于此。"

一个人无论处于什么地位，遭遇总是有顺利和不顺利的地方。无论在什么交际场合，所接触到的人物和谈吐，总有讨人喜欢的和不讨人喜欢的；无论在什么地方的餐桌上，酒肉的味道总是有可口的和不可口的，菜肴也是煮得有好有坏；无论在什么地带，天气总是有晴有雨。天才所写的诗文有美点，但也总可以找到若干瑕疵；差不多每一个人的脸上，总可找到优点和缺陷；差不多每一个人都有他的长处和短处。

在这些情形之下，上面所说的两种人的注意目标恰好相反。乐观的人所注意的是顺利的际遇、谈话之中有趣的部分、精制的佳肴、美味的好酒、晴朗的天气等，同时尽情享乐。悲观的人所想的和所谈的却只是坏的一面，因此他们永远感到快快不乐，他们的言论在社交场所不但会大煞风景，个别的还得罪许多人，以致他们与别人格格不入。如果这种性情是天生的，对这些快快不乐的人倒是应该怜悯了。但是那种吹毛求疵令人厌恶的脾气，也许根本就是从模仿中而来，在不知不觉中养成了习惯。

假如悲观的人能够知道，他们的恶习对于他们一生的幸福有着不良的影响，即使恶习已经到了根深蒂固的程度，也还是可以矫正的。希望这一点忠告，可以对悲观的人有所帮助，促使他们去除掉恶习。这种恶习实际上虽然只是一种态度，一种心理行为，但是它能造成终生的严重后果，带来真正的悲哀与不幸。他们得罪了大家，就不会再有人喜欢他们，至多以极平常的礼貌和敬意跟他们敷衍，有时甚至连极平常的礼貌和敬意都谈不到。

他们常会因此而气愤，引起种种争执。他们如果想将地位改变或将财富增加，别人谁也不会希望他们成功，没有人肯为成全他们的抱负而出力或出言。如果他们遭受到公众的责难或羞辱，也没有人肯为他们的过失辩护给予原谅；许多人还要夸大其词地同声攻击，把他们骂得体无完肤。如果这些人不愿矫正恶习，不肯迁就，不喜欢一切别人认为可爱的东西，而总是怨天尤人，自寻烦恼，那么大家就会避免与其交往。因为这种人总是难以和人相处，一旦你发觉自己被牵扯在他们的争吵中时，你将会感到极大的烦恼与痛苦。

有一位研究哲学的老人，由于饱经世故，时时谨慎、留神。他的一条腿长得非常好看，而另一条腿却因意外事故而呈畸形。陌生人初次和他见面，如果对他的丑腿比对他的好腿更为注意，他就有所猜忌。如果此人只谈起那条丑腿，不注意那条好腿，这就足以使老人决定不再和他做进一步的交往。这样的"大腿仪器"并非人人都有，但是只要稍微留心，那些有吹毛求疵恶习行迹的人，大家都能看出来，从而可以决定避免和他们交往。因此，我们劝告那些性情苛酷、怨愤不平和抑郁寡欢的人，如果希望受人尊敬而自得其乐，那就不能只是去注意人家的丑腿了。

下面的这个故事或许会对我们有所启示：

在一条比较繁华的街道上，一位僧人看到有个画家的生意出奇地好。画摊周围聚集了很多人，而其他画摊边的人却寥寥无几。

一天，僧人也挤进了人群想探个究竟。

"给我也画一幅！"一个小伙子抢先坐到小木椅上。他衣着邋遢，尖嘴猴腮，看起来很讨厌。作家暗忖：这模样还当众画像，简直就是出丑！

画家上上下下打量着小伙子，旁若无人异常专注，然后又示意小伙子调整身体眼神的位置和方向，认真揣摩。准备就绪后，画家便挥笔作画，几分钟后，一幅画交到小伙子的手上。

大家纷纷凑过来一睹为快。哇！像极了！这也的确是人们的第一印象：小伙子有几分像日本影星高仓健，而画中人面容棱角分明，双目炯炯，更把小伙子的特点突出出来。小伙子拿着画端详了老半天，眉开眼笑，十分满意。他绝对没想到，形象丑陋的自己，在画家笔下竟会有如此神韵。

接下来，一个模样圆滑势利，大腹便便的商人，在画家笔下，变得慈眉善目、笑容可掬；一个凶神恶煞的彪形大汉则变得豪放耿直，像梁山好汉一般令人敬畏……

这时，僧人恍然大悟。这位瘦小画家的高明之处就在于：他总能用心捕捉到所画对象最美好的气质，然后稍加放大，所以，他的画受到大家的欢迎。

——摘自查字典网《街头画像》2015.9.20

生活中没有十全十美的人，也没有十恶不赦的人。如果我们用一颗宽容的心去对待身边每个人，我们一定能寻觅到他们身上的闪光点，感到世界的美好。在生活中我们要多懂得欣赏别人的优点和长处，多宽容别人的短处和不足，少注意别人不好的地方，只有这样你才能赢得更多的朋友，获得真正的友谊。

摒弃狭窄心胸，放大宽广胸怀

青蛙坐井观天，结果封闭了自己的视线，如果我们也像它一样，必然会故步自封，没有任何发展。一旦我们拥有并且放大了承受的胸怀，就一定会发现眼前是一个全新而又闪亮的世界。能够勇敢地去宽容、去承受的人，其人生路上的步伐往往会显得非常沉稳，他们的世界也往往是宽广、阔大、迷人的。

面对这千姿百态的生活，我们需要有一种承受的气度和宽容的境界。承受是一种始终清醒的看待生命的理念，是一种对生活的坦然接纳；宽容则是一种关乎前途发展的自我蓄积，是一种为实现自我而收敛的一种藏拙。

印度有一个师傅收了个徒弟，然而由于那个徒弟慧根尚浅，总是抱怨这、抱怨那，师傅感到很厌烦。于是一天早上他就派徒弟去食品店里取一些食盐回来。徒弟很不情愿，虽然纳闷，但他还是去了。当这位徒弟把盐取回来之后，师傅就让他把盐倒进水杯里喝下去，并问他喝了之后感觉如何。

徒弟喝下去不到一秒钟，就全吐了出来，嚷道："咸死了，咸死了。"

师傅笑了，让徒弟带着一些盐去湖边，徒弟很迷惑地跟着去了。

他们一路上什么也没有说，默默地走到了湖边。

到湖边之后，师傅让徒弟把盐撒进湖水里，然后让他喝点湖水，徒弟照着师傅说的做了，师傅问道："现在你喝到的水是什么味道的？"

徒弟很高兴地说："很清凉、甘甜，很好喝呢。"

师傅又问道："那你尝到咸味了么？"

徒弟摇摇头："没有呀。"

师傅笑笑，拍拍身边的草地让这个总是怨天尤人的徒弟坐下来，然后握着他的手，语重心长的对他说道："我们的心里能承受痛苦的大小决定了你痛苦的程度，佛告诉我们要六根清净，就是不想我们被太多的俗事羁绊。如果你还是感到痛苦的话，就把你的内心放大一些，让它变成一个湖。"

——摘自单眼老表博客的博客《宽容是一种"不说破"的境界》2015.2.23

就像这位师傅说的，只有用一颗宽容的心，去宽容那些人生中的各种变故和打击，我们的人生才有幸福可言。对于人生中的那些幸福与苦难而言，假如没有能够超越自我的气概和善于内省的精神品质，就不可能在苦难来临的时候依旧保持一个淡然沉稳的自我；假如没有对世事人情的彻悟、了然，没有一个洒脱自守的生命情怀，就不会在幸福的包围之中仍然保持一个恬然自如的心境。

只有放开心胸，勇敢地去宽容、去承受，人生的境遇才能美丽与苦涩并存，人生的滋味——酸、甜、苦、辣，才能一个都不会少。放大自己的胸怀，去宽容生活中各种不平和的是是非非，才会显得我们拥有良好的修养和博大的人格魅力。

大凡历史上有所功名成就的英雄豪杰，没有一个不是气度恢宏、心胸开阔的人中之龙，也没有一个不会善用"宽容"这一处世的法宝。

"春秋五霸"之一的楚庄王，是一个非常有魄力的帝王，他"一鸣惊人"的事迹，直到今天还总是被人们津津乐道，而下面这一则脍炙人口的故事则显示了他作为帝王，所拥有的宽厚待人的气魄和胸怀。

春秋时期，一次，楚庄王在平息斗氏之乱时，六年没有喝酒，没有听过丝竹管弦之声，在叛乱平息之后，楚庄王非常高兴，便在宫中设宴招待有功的将士们，宫殿里一片热火朝天的景象。喝了不一会儿，庄王来了兴致，于是便召唤出最宠爱的妃子许姬，轮流替大臣们斟酒，并跳舞助兴。

大家正在闹腾的时候，忽然一阵大风把所有的蜡烛都吹灭了，宫中立刻一片漆黑。在黑暗中有人趁机扯住许姬的衣袖，想要亲近，许姬便顺手拔掉那人的帽缨挣脱离开，然后跑到楚庄王身边告诉他说："大王，有人想趁黑暗调戏于我，我已拔下他的帽缨，还请大王快快吩咐点灯，看谁没有帽缨，就把他抓起来处置了。"

谁知道，楚庄王听说之后，对许姬说道："且慢！今天我请大家前来喝酒，他们都是一群粗豪的汉子，酒后失礼也是常有的事，不宜怪罪。再说，下面的众位将士为国效力，我怎么能为了显示你的贞洁而辱没我的将士呢？"说完，楚庄王就不动声色地对下面的将士们喊道："各位，今天寡人请大家喝酒，大家一定要尽兴，现在我命令你们在亮灯之前把帽缨都拔掉，不拔掉帽缨不足以尽欢！"于是所有人都拔掉了自己的帽缨，楚庄王这才命宫人重新点亮蜡烛，宫中又陷入了一片欢笑之中，到了深夜，所有人都尽兴而回。

三年后，晋国侵犯楚国，楚庄王亲自带兵迎战。在双方的交战中，楚庄王发现自己军中有一员名叫唐狡的将官，总是奋不顾身地冲杀在前，楚国的众位将士也在他的影响和带动下斗志高昂，奋勇杀敌。后来两军交战，晋军大败而回，楚军得胜转回。回宫后，楚庄王就把那位叫做唐狡的将官找来，问道："你在此次战争中奋勇异常，可是寡人平日里好像并没有给过你什么特别的恩惠，你为何还要冒死奋战呢，这样不是很傻？"

那将官跪在宫阶前，低着头回答说："大王还记得三年前大宴群臣的时候，有人失礼冒犯了妃子，臣就是那个被王妃拔掉帽缨的罪人啊！臣酒后失礼，本该处死，而大王不仅没有追究、问罪，反而还设法保全我的面子，这令我深深地感动，对大王的恩德铭记在心。从那时起，我就时刻准备用自己的生命来报答大王的恩德。这次上战场，不正是我报恩的绝好机会么？所以我才决定不惜生命，奋勇杀敌，就算是战死疆场也不足以报答大王的恩情。"唐狡说完之后,早已泣不成声。

他的一番话,使楚庄王和在场的所有将士深受感动,楚庄王于是走下台阶将他扶起,并随后把许姬赐给了他。

楚庄王不计小节,终得良将,这就是极度宽容带来的意外收获。俗话说得好:"处世让人一步为高,待人宽厚一分是福。"宽容是一种境界,一种风格。它像春风,抚慰人心;它像阳光,温暖人心。

——摘自单眼老表博客的博客《宽容是一种"不说破"的境界》2015.2.23

如果不能具备宽容大度的胸襟,就难免给自己的生活带来一些不必要的伤害。这种伤害并不是别人强加到我们身上的,而是因为我们自己的心胸太过狭窄,从而给自己设置了障碍。

懂得尊重、理解、善待别人的人,就拥有宽容的美德;从善良的愿望出发,常常为他人着想,为大局着想的人,就拥有宽容的心;懂得求同存异,团结不同意见的人一起工作,哪怕是对曾经的敌人,也毫不鄙弃、不猜疑的人,一定是走到了宽容的最高境界。

记人之善，忘人之过

荀子说："君子贤而能容罢，知而能容愚，博而能容浅，粹而能容杂。"社会生活复杂纷纭，在人际交往中，难免有时会与别人发生不愉快的事情，这时候，我们该怎么办呢？是针锋相对，以怨报怨，还是宽容为怀，不念旧恶？这涉及为人处世的一个基本准则。要想让自己在人生道路上走得更轻松一些，最好的解决办法就是记人之善，忘人之过。

其实，人际间的矛盾往往因时因事而转移，总把思路放到过去的恩怨上，总是怀着苛求于人、不讲宽容，乃至睚眦必报的心态，就会降低人格和品位，也很难与人相处得好。须知，宽容是一种博大而深邃的胸怀，是人类崇高的美德之一，而在很多情况下，它正体现于"不责小人过，不发人隐私，不念人旧恶"的宽广气度中，也是为人处世的良好法则。

阿拉伯传说中有两个朋友在沙漠中旅行，在旅行途中他们吵架了，一个还给了另一个一记耳光。被打的觉得受辱，一言不语，在沙子上写下："今天我的好朋友打了我一巴掌。"

他们继续往前走。直到到了沃野，他们决定停下来休息。被打巴掌的那位因为站错位置差点被淹死，幸好被朋友救起来了。被救起后，他拿了一把小剑在石头上刻了："今天我的好朋友救了我一命。"

一旁好奇的朋友问道："为什么我打了你以后，你要写在沙子上，而现在要刻在石头上呢？"

他笑笑，回答说："当被一个朋友伤害时，要写在易忘的地方，风会负责抹去它；相反地如果得到帮助，我要把它刻在心里的深处，那里任何东西都不能抹灭它。"

朋友的相处伤害往往是无心的，帮助却是真心的，忘记那些无心的伤害，铭记那些对你真心的帮助，你会发现这世上你有很多真心的朋友……

要赞扬别人的善事，不要宣扬别人的过失；对别人惭愧羞耻之事，不要宣讲；听到别人的隐秘，也不要向其他人讲说。谈论他人的是非，只会蒙蔽自己的心性，妨碍解脱之道。在谈论是非之时，内心呈现的是纷扰的情况、不安的状态，而且，"说人者，人恒说之"。若是不知道谨言慎行，可以预见，这个人将会很难挣脱是非的困扰。

原谅像透视镜。人际关系很少由一方毁约而破裂，通常是一连串不能原谅、和解的冲突爆发出来的积怨所造成的。在婚姻生活中，没有从不抱怨的夫妇，然而我们还是可以看到享受爱与和谐的夫妻，他们的秘诀就是原谅。

或许"不责小人过"容易做到，"不发人隐私"也并不太难，而要对待曾经坑害甚至威胁过自己生命的人"不念旧恶"，却绝非是常人所能做到的，的确需要有天空般的宽厚胸怀，大海般的包容雅量。慈航法师曾经讲过他亲身经历的一些事情，我们应该可以从中明白这个道理。

慈航法师当年在鼓山当沙尼的时候，有一次上厕所忘记带卫生纸了。于是，他就向正在他身旁上厕所的寺中一位茶房头索取，不过茶房头是个坏心人，他把用过的卫生纸扔给了慈航法师，弄得慈航法师一手的大便。茶房头如此地捉弄人，要是别人一定会很生气的，可是慈航法师并没有生气。

一天，慈航法师搬房间，那位茶房头来了，慈航法师对他说道："你来得正好，请你帮我看守一下东西，我先把棉被搬去，马上就回来。"

不一会儿，慈航法师回来了，他发现抽屉里的一百元银元少了六七十个，很明显，不是茶房头拿的还会是谁呢？这件事如果揭穿了的话，会对茶房头的名誉造成很大的影响。钱少了还是有再来的时候，但是失去了名誉的人，又要怎么恢复呢？慈航法师想到这里，就装作什么都不知道。

过了一会儿，茶房头要告辞了。临别时，慈航法师拿出十五块银元送给他，他却不肯接受，慈航法师告诉他，人要互相帮助，他现在当沙尼，每月有二十元，这一点给他拿去用没有关系，这样茶房头才肯接受。

不久，寺中很多人都怀疑茶房头哪来这么多的钱，茶房头说是慈航法师送给他的。又有人来问慈航法师是不是真的，如果换作是别人早就揭发茶房头的窃盗行为了，但是宽宏大量的慈航法师，始终都没有说一句茶房头的不好。

——摘自《包容比批评更重要》汪建民　珠海出版社　2009.8.1

人是一种感性的动物，对事情的处理往往会以自己看到的景象为标准，依照自己的价值观和思维模式来判断，因此对别人的要求与对自己的要求就有了双重的标准。表现在工作中就是，一方面用放大镜观察别人的行为、失误，对他人评头论足，说三道四；另一面却又放纵自己，任由自己发挥，毫无标准可言。殊不知，当我们用放大镜看待别人的时候，别人也会用放大镜看待我们。那么，我们可以想象，由此产生的冲突有多么的后患无穷。

东汉末年的时候，董卓肆虐洛阳，陈琳避难至冀州，入袁绍幕。袁绍使之典文章，军中文书，多出其手。

有一次，袁绍打算进攻曹操，让陈琳写檄文。陈琳用了不到一炷香的时间，就完成了3篇檄文。这就是著名的《为袁绍檄豫州文》，文中历数曹操的罪状，诋斥及其父祖，极富煽动力。

连曹操见到讨伐自己的檄文，都惊出一身冷汗，不想却因祸得福，头风顿愈。

建安五年，官渡之战，袁绍大败，陈琳被曹军俘获。曹操的手下人都劝他将陈琳的头砍了。曹操爱其才而有心赦免他，便问陈琳："你为什么骂我骂得那么厉害？"

陈琳也不卑不亢地如实说道："箭在弦上，不得不发。"曹操仰天大笑，赦其无罪，并委以重任，署为司空军师祭酒，使与阮瑀同管记室，后又徙为丞相门下督。

曹操的大度将陈琳感动得痛哭流涕，之后，他尽心为曹操出谋划策，立下了赫赫战功。

——摘自佳妮心语的博客《心量有多大 事业就能做多大》2013.10.2

这不禁让人感慨曹操的雅量，正是他的宽容，才使他赢得了陈琳这样的才子、谋士。俗话说：将军额头跑得马，宰相肚里能撑船。宽容不仅是做人的美德，也是一种明智的处事原则，是处理异议时的"润滑剂"。厄运，就是因为对他人一时的狭隘和刻薄，而在自己的前进路上自设的一块绊脚石。幸运，也是因为无意中对他人一时的恩惠和帮助，而拓宽了自己的道路。

宽容能够驱散仇恨，能够让我们头顶的那片蓝天更加广阔；理解能沟通人们的心灵，打消人们的猜疑。我们能够存活在这个世界上本来就很不易，生活中也到处充满了艰辛，只有做到记人之善，忘人之过，人生的内容才会更加丰富，人生的道路才会更加宽广。

宽容带给你与人为善的力量

在人生的旅途中，难免有人犯这样、那样的错误，即使最和善的人也有时会伤别人的心。朋友背叛了你，领导责骂了你，兄弟之间产生了矛盾，都会伤害你的心。在与他人的相处中，宽容是你给他人最好的礼物，也是治疗心灵创伤的良药。

生活中，往往有些错误出自意外，并非出于故意。如果你勃然大怒，不仅让当事人下不了台，自己也会给人留下没有涵养、蛮横粗野的印象，而大度宽容，既可以解除当事人的尴尬，更会增加别人对你的敬佩。古人常说："君子坦荡荡，小人常戚戚。"的确，君子都有容人的雅量。

做人要有宽容之心，要有容人之量。这是与人为宽、于己有利之道，也是很多人修身养性的目的之一。明代吕坤曾说："别人做了不好的事，原谅他，甚至要替他隐藏几分。这样浑厚地待人，可以使自己胸怀宽阔。"这句话似乎就与人们惯用的处世原则相抵触，然而，仔细寻思一下，却发现这是做人的一种大智慧。

在美国一个市场里，有个中国妇人的摊位生意特别好，引起其他摊贩的嫉妒。大家常有意无意地把垃圾扫到她的店门口。

这个中国妇人只是宽厚地笑笑，不予计较，反而把垃圾都清扫到自己的角落。旁边卖菜的墨西哥妇人观察了她好几天，忍不住问道："大家都把垃圾扫到你这里来，你为什么不生气？"

中国妇人笑着说："在我们国家，过年的时候，都会把垃圾往家里扫。垃圾越多就代表会赚很多的钱。现在每天都有人送钱到我这里，我怎么舍得拒绝呢？你看我的生意不是越来越好吗？"

从此以后，那些垃圾就不再出现了。

宽容不是迁就，也不是软弱，而是一种充满智慧的处世之道。中国妇人用宽容宽恕了别人，也为自己创造了一个融洽的人际环境，这种化诅咒为祝福的智慧确实令人惊叹。

宽容是做人的一种境界。它是送给他人，也是送给自己的最好礼物。如果能用宽容的眼光看待世界，就会觉得绿水青山，碧海蓝天，无一不是令人赏心悦目的彩图；如果以一种宽容的心态去对待生活，就会觉得生活是一首诗，是一曲动人的歌谣。宽容打开心灵的墙，宽容没有界限。它能带给人们与人为善的力量，也会让自己找到一片美好的家园。

在第二次世界大战期间，苏联在付出巨大的代价之后，取得了莫斯科保卫战的胜利。胜利的当天，上万德国战俘排成长长的纵队，在荷枪实弹、威风凛凛的苏联士兵押解下走进莫斯科城。他们是那样的疲惫不堪和无精打采。

胜利的人们纷纷涌上街头。围观的人大多是老人和孩子。苏联军队在战胜法西斯入侵的同时，自己也付出了沉重的代价。他们当中许多的亲人，就是在这场残酷的战争中被法西斯杀害了。

战俘慢慢走近了，人群开始出现骚动。有人大喊"打倒法西斯"的口号，有人直接就拥上前。负责维持秩序的警察企图阻止，可是在汹涌的人潮中根本就无济于事。最后警察和士兵手拉手组成人墙，才勉强将人潮挡住。

战俘慢慢地走过，他们个个衣衫褴褛，步履蹒跚，好像每向前迈一步都十分艰难。他们又何尝不是战争的受害者？他们有的头上裹着绷带，有的失去了双腿躺在担架上不断地发出痛苦的呻吟，有的可能是聋了，脸上没有任何表情，一片茫然。他们面对激怒的人群，出于人的本能，目光中充满了恐惧，不断向后退缩，有的甚至吓得瘫痪在地，担架上的重伤员，更是满脸的恐慌和无奈。

这时，一个中年妇女，在混乱中挤过人墙，冲到一个受伤的战俘面前，举起拳头。眼前的战俘头上打着绷带，破烂的军装上沾满血迹，脸上的稚气看得出他还不到二十岁。面对举起的拳头，他无法躲闪，只是闭上了眼睛，流下了不知是害怕还是愧疚的泪水。中年妇女呆呆地站在那里，怔怔地看着这个年轻的战俘，心头一阵剧痛。她好像从这张充满稚气的脸上看到了他刚刚战死的儿子的影子！

妇女犹豫了一下，叹了口气，拳头无力地垂了下来。她从怀里掏出一块用纸裹着的面包，轻轻地递到了他的面前。年轻的战俘几乎不敢相信自己的眼睛，他惊恐地盯着妇女，不敢伸手去接。直到妇女硬塞给他时，他才如梦初醒，抓过面包连纸都顾不上撕就塞进嘴里，看来他已经几天没吃东西了。妇女蹲下身子，用颤抖的双手轻轻抚摸着他的头，失声痛哭起来！

悲痛的哭声撕心裂肺，骚动的人群一下子静了下来。人们惊呆了，一个个用惊异的目光注视着眼前的一切。空气仿佛凝固，整条大街一片死寂。

良久，人们才醒悟过来。这时，出人意料的一幕出现了：那些老人、妇女、孩子，纷纷拿出自己的面包、火腿、香肠等各种食品，慢慢向受伤的战俘走去……

——摘自360doc个人图书馆《苏德战场上的感人故事》瞿波 2012.10.11

人们可以利用仇恨奋发，将仇恨化为自己前进的动力。但是，如果把仇恨仅仅当作仇恨，那么它们除了禁锢你的心灵，让你不断地回忆那些不堪回首的往事外，似乎一无是处。假如你用宽容作为送给他人的礼物，用另一种方式代替仇恨，你的心灵就会飘扬起猎猎旗帜，照亮你清明的心灵。

以一种博大的胸怀和真诚的态度宽容别人，就等于送给了自己一份最好的礼物。任何担心这样做会引起混乱或被认为是示弱行为或怕丢面子的想法都是不正确的，几乎所有这样的担心都是多余的，没来由的。

虽然宽恕不是一件容易的事，在从被伤害到原谅对方的过程中，心灵往往会经历一些困难而痛苦的挣扎，但是，宽恕又是必需的。因为只有宽恕才能释放自己，让自己压抑的心灵松一口气。正所谓退一步海阔天空。

因此，不管怎样，我们对任何事和人都应该包容与接纳，要有一种非凡的气度、宽广的胸怀。因为你原谅了别人、宽容了别人就是原谅了你自己，宽容了你自己。有人说，宽容是一种仁爱的光芒、无上的福分，是对别人的释怀，也是对自己的善待。学会用一颗宽容豁达的心，去代替那些不满与抱怨，你会发现你的人生会更加快乐，世界会更加美好！

得理也要饶人

在生活中，得理不饶人的现象非常普遍。总有那么一些人，一旦觉得自己比较有道理，就会抓住他人的缺点穷追猛打，直到逼得对方立起白旗。一个人不讲理是一个缺点，但若要硬讲理，则是一个盲点。在现实中，很多时候理直气"和"要远比理直气"壮"更加能够改变他人、说服他人，我们要学会得饶人处且饶人。

在为人处事中，一定要牢记得理要饶人，给得罪你的人留一点余地回转，给对方台阶下。否则，不但不能让别人佩服你，还会让自己的朋友渐渐地疏远你。

古人云："人非圣贤，孰能无过。"是的，我们不可能什么事都做到尽善尽美，总是会不停地犯这样或那样的错误。所以说，既然错误不可避免地存在，仅凭人类之力又不能让它消失，那么为什么不学着去宽恕呢？

得饶人处且饶人是一种修养，一种坦荡，一种豁达，是一种处变不惊的气度，得理饶人的宽容是人类亘古不变的美德。荷兰的斯宾诺沙曾经说："人的心不是用武力所能征服的，而是用爱与宽容大度来征服的。"宽容一如阳光，它无比的亲切、明亮，让人难忘。

饶人就是饶恕自己。对别人多一点饶恕，我们的生命中就多了一个朋友。有朋友的人生旅程中，才会得到想要的关爱与扶持，不会被孤独和寂窦包围；有朋友的生活，才会有人与你分担更多的风风雨雨，才能多一点温暖和阳光。饶恕永远都是一片晴天，为你带来明媚的阳光。

饶人就是忘却。每一个人都有着自己的痛苦，都有着自己的伤疤，如若动辄去揭，便会添新伤，旧痕新伤更加难以愈合。饶恕别人之前对自己的指责与谩骂，才会让自己忘记那些让自己受伤的是非。时间是最佳的止痛剂，学会饶人，学会忘却，人生才会有阳光，才会有欢乐。

饶人就是不计较。事情既然过去了，那就算了。每一个人都会有错，假如过于执着其过去的错误，就会在自己的心中形成思想包袱。这样的耿耿于怀、不信任、放不开，不仅仅限制了自己的思维，也对对方的发展造成了限制。哪怕是背叛，也不一定不可容忍。

饶人就是潇洒。用一颗宽厚的心去对待他人、容纳非议，乃家庭幸福美满、事业成功之道。如果凡事都患得患失、斤斤计较，生活一定会很累，人生短短数十年，好好珍惜这宝贵的生命，轻松潇洒才是最重要的。

饶人就是忍耐。同事朋友对自己善意的批评、伴侣的误解……，对于这些，用过多的争辩与"反击"并非是最好的方法，实不足取。只有忍耐、谅解、冷静才是最好的。人生若能退一步，天地自然也就更宽广。

在英国，已经退出政坛的丘吉尔，一天骑着一辆自行车闲逛在路上。同一时间，一位女士也骑着自行车，从丘吉尔的左边急驶而来，由于这位女士没能及时刹住车，最后不可避免地与丘吉尔撞在了一起。

这位女士恶人先告状地大声骂道："你这个糟老头，难道没有长眼睛吗？你会不会骑车……"

面对这位女士的大骂和恶人先告状的行为，丘吉尔并没有争辩，也没有反驳，只是温和地不断向她道歉："是的，我还不太会骑车，对不起！对不起！看来你已经会骑车很久了，对吗？"

这位女士本来怒气冲天，听了这些话怒气马上就消了一半，她觉得眼前的这个人非常熟悉，再仔细一看，这位女士惊呆了，对方竟然是伟大的首相！她为自己刚才的行为感到非常羞愧，在嘴里喃喃地说："哦，不……

不……你或许不知道，我骑车是在半分钟之前才学会的……而教会我骑车的人就是阁下您！"

——摘自360doc个人图书馆《宽厚是和谐的第一要素（一）》2011.11.30

在这个故事中，可以看出丘吉尔得理也饶人的非凡气度。在为人处事的交际中，最不可少的便是得理饶人，因为只有这样，才能使自己受到他人的尊敬，才能为自己谋取利益。

人际交往最为纷繁，在这个过程中，人与人之间，时时刻刻都会发生人们所预料不到的各种各样的摩擦。当摩擦产生的时候，我们应该用主动积极的态度来解决它，尽量化解矛盾，大事化小、小事化了。人类同处在社会这一个共同的大家庭中，和别人之间的相处应该怀着一颗宽容的心，没有谁会永远不犯错，哪怕是圣贤也不可避免。在这种时候，就需你知道得理也要饶人的道理，不然人们所共同生存的这个社会就将充满了摩擦，从而引起满天战火。

善待他人就是善待自己

生活中，难免会出现各种不快、摩擦和委屈，和人产生矛盾是常有的事。如果两个人之间谁也不肯妥协，而是针尖对麦芒的话，怨恨就会像一只气球一样，越鼓越大，最后会膨胀到让人无法控制的地步，直至爆炸。

面对生活中的怨恨与不愉快，我们只有不念旧恶，不计新怨，在应当宽容让人的时候就宽容待人。安德鲁·马修斯在《宽容之心》中说道："一只脚踩扁了紫罗兰，它却把香味留在那脚跟上，这就是宽恕。"话很简单，却异常地启人心智。

著名的石油大亨洛克菲勒在年轻的时候也是一个一无所有的穷小子，就像当时许多年少无知的年轻人一样，到处流浪，得过且过。不过，在洛克菲勒的心里一直存有一个梦想，那就是期望自己有一天能够拥有一笔任由自己支配的巨大财富。

带着这个伟大的梦想，洛克菲勒四处流浪。有一次，他来到了一个很偏僻的小镇上并结识了镇长杰克逊先生。杰克逊先生已经年过五旬，他一直以来都生活在这个虽不繁华却令自己倍感亲切的小镇上。虽然他已经担任很多年的镇长了，但是镇上的人们好像不约而同地都忘了选举新的镇长一样，从来没有人会质疑：为什么杰克逊会是镇长？

事实上，杰克逊也确实是担任镇长的最佳人选，他性格开朗、为人热情，而且平易近人，更为重要的是，他有一颗善良博大的心。不论是镇上的原始居民，还是来到镇子上的任何一个人，凡是和杰克逊有过一定接触的，都会深深地感受到杰克逊的善良和热情，同时自己在待人接物方面也会受到不同程度的影响。

洛克菲勒租住的小旅馆离杰克逊镇长的家非常近，甚至洛克菲勒站到旅馆旁的大门前向远方遥望时，都会清晰地看到镇长家门口那片井井有条、长满各色鲜花的花圃。热情的杰克逊镇长每次路过遇到洛克菲勒时，都会停下忙碌的脚步问这个独在异乡的年轻人有什么需要帮忙的地方。当洛克菲勒需要一些生活用品时，热情的镇长夫人总是会十分高兴地给予帮助，而且镇长还会时不时地让女儿为洛克菲勒送去一些妻子做的可口点心。

洛克菲勒在这个小镇上住了一段时间后感到自己一无所获，于是他决定过几天就离开这个小镇，但在离开之前，他要特别感谢杰克逊镇长一家给予他的无微不至的关照。然而就在他准备向镇长告别那几天，小镇上迎来了连续的阴雨天气，于是洛克菲勒不得不继续停留在这里，同时他也在心里咒骂着这该死的鬼天气。

连绵的阴雨天气总是最讨人嫌的，淅淅沥沥的小雨时断时续，每当雨停的时候，洛克菲勒都会走出旅馆的大门——实际上洛克菲勒就住在杰克逊家的斜对面，看看镇长家门前经雨露滋润而更感娇艳的花朵。这天，当他走出旅馆大门的时候，发现来来往往的人群已经把镇长家门前的花圃踩得不成样子了。洛克菲勒为此感到非常地气愤，他真为镇长和这些花朵感到惋惜，于是他站在那里指责那些路人的行为。

可是第二天，路人依旧踩踏镇长家门前的那片可怜的花朵。第三天，镇长拿着一袋煤渣和一把铁锹来到了泥泞的道路上，他用铁锹把袋子里的煤渣一点一点地铺到了路上。一开始洛克菲勒对镇长的行为感到不解，他不知道镇长为什么要替这些践踏自己家花圃的路人铺平道路。可是很快他就明白了镇长的苦心，原来有了铺好煤渣的道路，那些路人再也不用踩着花圃走过泥泞的道路了。

虽然洛克菲勒最后还是离开了这个小镇，但是他知道，自己再也不是一无所获地离开了，他带着镇长杰克逊告诉自己的一句话从从容容地踏上了追求梦想的道路，那句话就是"善待别人就是善待自己"。一直到成为闻名于全美的石油大王，洛克菲勒依然牢牢地将这句话铭记在心中。

——摘自文章阅读吧《善待别人就是善待自己》2007.8.26

没错，善待别人就是善待自己。那些自私的人不愿意对别人付出任何关爱，因此他们永远不会体会到来自他人的友情和温暖；而那些拥有宽容胸怀的人则终生都生活在关爱与幸福之中，这些温暖与快乐不单单来自别人，也来自他们自己。

有一位哲人说过一句耐人寻味的话："人生的每一次付出，就像在空谷当中的喊话，你没有必要期望要谁听到，但那绵长悠远的回音，就是生活对你最好的回报。"

一片茫茫沙漠的两边存在着两个村庄。从一个村庄到另一个村庄，如果绕过沙漠走，至少需要马不停蹄地走上20多天；如果横穿沙漠，那么只需要三天就能抵达。但横穿沙漠实在太危险了，许多人为了寻找捷径，结果再也没有从沙漠里出来。

后来有一天，一位智者经过这里，让村里人找来了几万株胡杨树苗，每半里一棵，从这个村庄一直栽到了沙漠那端的村庄。智者告诉大家说："如果这些胡杨有幸成活了，你们可以沿着胡杨树林来来往往；如果没有成活，那么每一个走路的人经过时，要将枯树苗拔一拔，插一插，以免被流沙给淹没了。"

果然，这些胡杨树苗栽进沙漠后，很快就全部被烈日烤死了，成了路标。沿着"路标"，这条路大家平平安安地走了几十年。

有一年夏天，村里来了一个僧人，他坚持要一个人到对面的村庄去化缘。村民们告诉他说："你经过沙漠之路的时候，遇到要倒的路标一定要向下再插深些；遇到要被淹没的路标，一定要将它向上拔一拔。"

僧人点头答应了，然后就带了一皮袋的水和一些干粮上路了。他走啊走啊，走得两腿酸累，浑身乏力，一双草鞋很快就被磨穿了，但眼前依旧是茫茫黄沙。当遇到一些就要被沙尘彻底淹没的路标，这个僧人想："反正我就走这一次，淹没就淹没吧。"他没有伸出手去将这些路标向上拔一拔，遇到一些被暴风吹得摇摇欲坠的路标时，他也懒得弯腰扶正或者是往下再插一插。

当这个僧人走到沙漠深处的时候，寂静的沙漠突然飞沙走石，有些路标被淹没在厚厚的流沙里，有些路标被风暴卷走了，没有了影踪。

僧人像没头的苍蝇似的东奔西走，却无论如何也走不出这片浩瀚的沙漠。在生命即将结束的那一刻，僧人十分懊悔：如果自己能按照大家吩咐的那样做，那么即便没有了进路，还可以拥有一条平平安安的退路。

——摘自《善待别人 善待自己》朱丽华 中国致公出版社 2012.1.6

是的，给别人留条道路，其实就是给我们自己一条退路。对他人行善，关爱他人，实际上就是在善待自己，关爱自己。在人生的每一个阶段中，我们总会遇到形形色色的人和事，但我们往往没有想到，有时候搬开别人面前的绊脚石，恰恰就是为自己铺了一条新的道路。

包容万物，顺其自然

在这个竞争激烈的时代，我们已经习惯了凡事都与别人争抢一番，然而，争抢的后果却常常都不尽如人意，不但没有抢到东西，反而还受了一肚子气，使得原本可以高兴的一天，变成了最郁闷的一天。其实，何必要与人相争呢？不防让一切都顺其自然，当别人得到了一次、两次，那么第三次，一定会是我们的，如此一来，不但能得到东西，还能让自己更快乐。

古代圣贤都认为，在纷乱而复杂的社会之中，静是一种豁达的智慧，就像人生的许多大道理，都朴素得如同泥土一般，无须用太多的鲜花来点缀，也无须用娇嫩的绿叶来衬托，只要活得有度量，人生的本色绝不会因误解而消损，反而会因此增加不少。生活中的我们，应始终保持一份豁达的宁静。如果我们仍不甚理解，不妨先看看圣贤们顿悟的经历，或许对我们能有所启示。

名誉与地位，常常被作为衡量一个人成功与否的标准，于是，追求名声、地位与荣誉，已经成为了一种极为普遍的现象。在很多人的心目中，唯有拥有了名誉与权力，才算是实现了自身价值。事实上，能体现一个人价值的东西，可以很多也可以很少，人生天地之间，转瞬来去，就像是偶然登台、仓促下台的匆匆过客。人生如此短暂，活着就要珍惜时间，从容地面对一切！

在一个小山坡上，有一座小小的寺院，此时，寺院里的一个小和尚看着院子里的枯草地，有些焦急地对师父说："师父，现在都是三伏天了，这片草地却枯了一大片，我们快撒点草种吧，不然来年生命都长不出来！"

"等天凉了再说，"师父挥了挥手，继续道，"播种要随时。"

到了中秋时节，师父从集市买回了包草籽，叫小和尚去播种。

小和尚抓了一把草籽向草地撒去，但是，由于秋季的风大，草籽边撒边随风飘到了其他地方。

"不好了！师父，好多种子都被吹飞了。"小和尚失声地喊道。

"没关系，吹走的多半是空的，撒下去也发不了芽。"一旁的师父说，"没事，这叫随性。"

可是，刚刚撒完了种子，几只小鸟就飞了过来，叽叽喳喳地啄食着地上的草籽。看到这种情形，小和尚便急忙跑去驱赶，边赶边又对着师父喊道："要命了！师父，我们的种子都被鸟儿给吃了。"

此时，师父闭着眼睛不慌不忙地说："没关系，这叫随遇。种子多，吃不完。"

到了半夜时分，乌云翻滚而来，随即大雨从天而降，整整下了一夜。第二天早晨，小和尚起床去看撒下的草籽，发现昨天撒下的大部分草籽，都已经被雨水冲走了。此时此刻，小和尚感到十分伤心，于是，他来到师父的禅房，低着头对师父说："师父，这下可真的要完了，好多草籽都被雨水冲走了。"

师父看了一眼小和尚，说道："这叫随缘。冲到哪儿，就在哪儿生根发芽。"

就这样，一个星期过去了，然而，这座寺庙有所不同的是，原本光秃秃的地面上，居然长出许多青翠的草苗，一些原来没有撒种的角落，也泛出了点点的绿意。看见到处都长满了嫩草，小和尚高兴得直拍手。

——摘自xuanxuanma的博客《豁达知足，人生轻松》2014.1.22

人生如梦，岁月无情，蓦然回首，才发现人活着是一种心情，穷也好、富也好，得也好、失也好，一切都是过眼云烟。想想不管昨天、今天、明天，能豁然开朗就是美好的一天，不管是亲情、友情、爱情，能永远珍惜的就是好心情。所有大事、小事、难事、易事、乐事、苦事，都是一件事，事情总有因有果，人与事、事与人，总有着千丝万缕的联系。当岁月在悠悠然然的钟声里消失，一切将幻化成空气中的那份宁静、淡然。所以，人应该顺其自然，知足常乐。

风雨坎坷人生路，不经历风雨怎能见彩虹，成功也好，失败也罢，所有的事情都来得很自然，有失败就会有成功，有完美就会有缺陷，且让一切顺其自然，保持顺其自然的心境面对生活，面对人生记忆里或者正在发生的新鲜的事和物。曾经拥有的不要忘记，已经得到的要更加珍惜，属于自己的不要放弃，已经失去的就留作回忆，想要得到的就要更加努力。

人生在世，美貌、权力、财富、名誉都不过是过眼烟云，人应该学会顺其自然地活着，越是刻意追求反而会被其所累，迷失了自己。

以前在报纸上看过这么一个故事：有一位老先生在听完女歌手的演唱后，来到后台告诉她：“你有演唱的天赋，但照现在情况继续下去，你不会成功。”

女歌手很诧异地说：“为什么呀？”

老先生说：“不瞒你说，你长有龅牙，所以你在歌唱时一直想要掩饰它，嘴巴不禁要合起来，这使你在台上很不自然。如果你相信我，那我告诉你，龅牙并没有什么不好，相反它正是你的特色。所以，不要顾忌它，只管好好唱歌，你会唱出最美的歌声。”

这位女歌手因为这位长辈的指点，在歌唱上脱胎换骨，最终成为成功的歌手。

龅牙是天生的，不是你的错误，何必耿耿于怀，让它影响了你在舞台上的发挥呢？

——摘自中国佛教故事网《活着，要顺其自然》2013.5.27

人生其实就像一个舞台，也许你天生一副笨嘴笨舌的样子，那是你的本色，何必忧心忡忡；也许你天生一副多情善感的样子，但绝不要违背内心显示你的坚强……大树有大树的风采，小草也有小草的可爱。山鸡披上孔雀的羽毛，不是凤凰；小鸭学着天鹅的嗓子，也永远成不了歌王。

这世间的很多事，本身并无所谓的好坏之分，只是我们的那颗心，一直在左右着自己，只要我们能始终追求一份豁达的心境，便自然能成为一个好人，一个快乐之人。豁达是一种超脱的人生境界，有了豁达的心境，我们便可以包容他人，自然也能够获得别人的包容。因此，当我们面对任何一件事时，重要的是应该学会如何保持乐观豁达的心境。

人活着必须顺其自然，依照不同的能力和兴趣，得到不同的成功和成就。现实生活中，有一种刻板的错误观念，成功就一定要怎样怎样，幸福就必须如何如何，似乎只有达到某个标准的人才算成功幸福。其实，人生不是比赛，幸福和成功也不需要终点。只要你稍加留意就会发现，许多在事业上很成功的人，他们的生活未必幸福；在生活上过得愉悦自在的人，未必拥有庞大的事业。只要你能认清这一点，你就会肯定一个事实：真正的成功和幸福是能接纳自己和肯定自己，让一切顺其自然。因此，在滚滚红尘中打滚的我们，应该尽量保持一颗豁达之心。我们不妨试着想一想，初来人世间的我们都两手空空，原本就不曾拥有任何东西，而在人间短暂的停留期间，我们所拥有的一切，则都是上天的恩赐，如果失去了，也不过是减少了所得，又何必与别人争个你死我活呢？如果我们拥有了这种心态，必然能少一点疲惫。

没有豁达就没有宽容

著名文学家歌德告诉我们："人不能孤立地生活，他需要社会。"良好的人际关系不仅仅会给人生带来快乐的感受，还能促进一个人的成功，而建立良好的人际关系则需要以宽容的品质为基石，在相互的宽容谅解中求得发展和进步的愿望才能实现。一个人首先只有自身具备了宽容的品质，才会懂得理解和尊重他人，才会具有仁爱之心，容人之量，才能提升自己的修养，成为一个顾大局、识大体的人。

水果市场上熙熙攘攘的，许多摊位前都摆有各色的水果，其中一个卖海棠的果贩遇到了一位难缠的客人。

"咦，这水果这么烂，也要卖5元一斤么？"客人拿着一个水果左看右看。

小贩很客气地笑道："我这水果质量还是很不错的，不然先生你可以先去别家比较比较，再决定要不要买。"

客人坚持说："不用比较了，一斤4块钱，不然我不买。"

果摊小贩还是微笑着说："先生，假如我一斤卖你4元，那我又怎么向刚刚买我水果的顾客们交代呢？"

那位先生还是不甘心："可是，你看你的水果这么烂，价格还是很不合理。"

"呵呵，不会的，如果是很完美的，那估计一斤就要卖10元了。"小贩依旧笑眯眯的，丝毫不见生气的迹象。无论这位客人怎么挑剔，怎么嫌弃，小贩都一直面带微笑地接待他，就像第一次的微笑一样亲切。客人虽然百般刁难，最后还是以一斤5元买了。

隔壁摊位的小贩说他："刚刚那个人的脾气那么差，你还对他微笑，真有你的，怎么可能一直不生气呢。"小贩笑笑，只淡淡地说了一句话："嫌货的人才是真正想买货的人。"旁边的小贩恍然大悟。

这位卖水果的小贩，完全不在意别人批评他的水果，并且能一直保持不生气的状态，不只是对自己的水果有信心的缘故，更在于他良好的个人修养。有时候在生活中，我们根本都不能和这个小贩相比，稍微有人说两句，我们就已经沉不住气了，更不用说始终面带微笑。

小贩可谓是一个洞察人心的明白人，而明白人往往是那些豁达、宽容的人。宽容不仅仅表现在对别人错误的容忍和原谅，更表现在对世事和人情世故的洞悉，而其最高境界就是豁达。豁达是一种博大的胸怀，更是一种超然洒脱的态度。

美国有位作家曾说过："没有豁达就没有宽容。"不管你曾经取得多么伟大的成就，不管你爬过了多高的山，无论你有多少美好的目标，无论你有多少闲暇的时光，假如不能拥有一颗宽容的心，你仍然会遭受内心潜在的痛苦，而不能得到真正的快乐。古今中外因豁达、开朗、宽容、谦让的品德而获得他人的友情、爱戴，或者消除仇恨、恩怨的例子数不胜数。

唐高宗时期有个吏部尚书叫裴行俭，就是一个非常豁达，拥有宽容美德的人。裴行俭家里有一匹皇帝赐的好马和一副珍贵的马鞍。一天，他的一个部下私自将这匹马骑出去玩，结果马摔了一跤，摔坏了马鞍，这个部下非常害怕被怪罪，因此连夜逃走了。裴行俭叫人把他招回来，并且没有因此而责怪他。

又有一次，裴行俭带兵去平都支援李遮匐，结果获得了许多有价值的珍宝，于是就宴请大家，并把这些有价值的珍宝拿出来给客人看。其中有个部下在抱着一个直径两尺、很漂亮的玛瑙盘出来给大家看的时候，谁知道他一不小心摔了一跤，盘子掉在地上摔碎了，那个部下顿时害怕得不得了，伏在地上拼命叩头以至流血。裴行俭笑着说："你又不是故意的。"脸上并无可惜的样子，并且随后召来下人带那个部下去处理额头上的伤口。

——摘自应用技术学院网《豁达是人性的最高境界之一》作者：佚名 2007.5.25

这些流传久远的忍让故事里，受损的那一方并没有因为自己的利益损失或者难堪而大发雷霆、怀恨在心。相反，他们所表现出的豁达开朗、宽宏大量，以及毫不计较的美德和风度，不但没有让自己损失更多，在不知不觉中平息了纠纷，还博得了别人的颂扬。

俗话说得好："饶人不是痴汉，痴汉不会饶人。"人这一生与其悲戚、郁郁寡欢地度过，倒不如保持自己豁达的心境，用宽容的心态去体验人生的每一刻美妙，寻找属于自己的人生真谛。

第三章

随和的人呈现出淡泊名利、
宠辱不惊的平和心态

功名利禄是很多人眼中的人生目标，似乎功名越厚人生也越美妙滋润。其实，功名利禄是一个用花环编织的罗网，只要你进去了，就无法自在与逍遥。没有功名利禄，便想得到功名利禄，待得到以后又害怕会一时化为泡影，宝贵的人生就在这患得患失中度过，哪里还有时间去品尝人生的甘美滋味呢？所以，还是看淡一些，用平和的心态对待得与失吧！

淡泊名利，享受美好人生

　　"名利"二字确实是能带来让人享用不尽的快乐、地位与尊严，甚至是虚荣。但是，过分地追名逐利会让整个世界黯淡下来，失去光华和色彩。你的智慧也会在竞争的大大小小的战场上消耗殆尽，终有一天回过头来却发现，除了剩下一堆徒有其表的躯壳外根本体会不到任何幸福的感觉。所以，淡泊名利，才能享受人生之静美。

　　《菜根谭》有云："人生减省一分，便超脱一分。"在人生旅途中，如果什么事都减省一些，便能超越尘事的羁绊。一旦超脱尘世，精神会更空灵。洪应明说："减少交际应酬，可以避免不必要的纠纷；减少口舌，可以少受责难；减少判断，可以减轻心理负担；减少智慧，可以保全本声；不去减省而一味增加的人，可谓作茧自缚。"

　　贾岛在《登科后》里写道："昔日龌龊不足夸，今朝放荡思无涯。春风得意马蹄疾，一日看尽长安花。"于是就有了《儒林外史》里，范进中举后，狂喜过度以至成疯的故事。

　　范进为什么如此？因为考中了就意味着功成名就，高官厚禄，从今之后妻荣子贵，造福后代。因为视名利如泰山，所以才如此。

　　泰戈尔曾说："鸟儿翅膀上一旦系上黄金，它就再也飞不起来了。"意思是，一个人如果被名利所累，他就再难从容生活。一个人若将名利看得过重，势必卷入追逐名利的旋涡，酿造许多悲剧。古往今来，这样的例子不胜枚举。胡长清因名利熏心，断送自己的前程；成克杰被名利所惑，断送自己的生命；葛朗台因成金钱的奴隶，断送女儿一生的幸福。

但是也有很多人，视名利如烟云，"闲看庭前花开花落，漫随天上云卷云舒"以一种闲适的心情，以一颗乐观的平常心面对浮华，过得从容洒脱，怡然自得。

翻开李白的生平长卷，我们可以看到，当他报国之志无从实现，不得重用，他发出了"安能摧眉折腰侍权贵，使我不得开心颜"的呐喊，于是飘然而去，遍游祖国名山大川，以浪漫神奇之笔绘制祖国锦绣山河之美，留下了"黄河之水天上来，奔流到海不复回""飞流直下三千尺，疑是银河落九天"的佳句，成为一代"诗仙"，名垂青史。

陶渊明不为五斗米折腰，过着"环堵萧然，不蔽风日，短褐穿结，箪瓢屡空"的贫寒生活，他却"晏如也"，"不戚戚于贫贱，不汲汲于富贵"的五柳先生的形象令后代景仰。

钱钟书一部《围城》震惊世人，很多人想前往拜访他，可他却说，知道蛋好就行了，为什么一定要看看下蛋的母鸡呢？谢绝记者采访，谢绝公开露面，不屑对名利的追逐，潜心自己的写作，终成一代文学大家。

不仅中国的很多伟人这样淡泊名利，外国也有很多人轻视富贵。

爱因斯坦曾放弃一小时几千美元的演讲，而去给一个小女孩补习数学，仅为得到一把糖果的报酬。全球首富比尔·盖茨成立了美国最大的慈善基金会，拿出自己的钱回报社会，救济数以万计的贫民，普度众生。

这些人给我们做出了淡泊名利、潇洒生活的榜样。

淡泊是一种缘自心灵的宁静，是一股爽人的山涧泉水。没有伟岸像山一样沉静的心灵，绝不会拥有这种豁达的人生态度。在市场经济的大潮中，如果能保持一颗淡泊而又平静的心，不为名所累，不为利所役，以清白、正直、无私的进取精神追求高远的志向，便会少了些许的沉重和悲哀，增添无限的欢乐和轻松！

淡泊名利是一种人生境界。当我们认识到名利不过是人生的一种常态，就该调整自己的心态，以平常心对待名利。我们应大大方方地面对名利，真真实实地付出努力去赢得名利。一旦得不到，也无须寻死觅活，抹脖子跳楼。因为我们心里知道，名利只是人生的一部分，而不是全部。人生还有比名利更为重要的东西，比如爱情、家庭和健康，这些同样会带给我们无比的幸福与快乐。

要真正守住一份淡泊，必须修得一种乐观豁达、世事洞明而又怡然自得的心境，少一些患得患失，少一些心浮气躁，多一些精力去奉献，多一些时间来学习，在悠长的岁月中，走好自己平稳而又充实的人生之路，在实现自己高远志向的过程中，更好地体现出人生的价值。

今天我们崇尚和谐社会，什么是和谐的社会？和谐就是人人丰衣足食，个个从身体到心灵健康，家家有容身之地。这就需要穷则独善其身，达则兼济天下，需要人们淡泊名利，省却那些为金钱的奔波和追逐，除却那些为官位的勾心斗角、损人利己。失意时懂得感恩、懂得满足，得意时懂得怜悯他人、善待他人、帮助他人，那么社会就会变得宽容、变得宁静、变得和谐。

汪国真说："我喜欢出发，愿你也喜欢。"在此也要说一句："我喜欢淡泊名利的从容生活，愿你也喜欢。"

以淡泊的心境看待人生，就算是设立的目标努力到最后一个也没有实现，也不会太过伤感，因为"谋事在人，成事在天"，只要付出努力，投入奋斗，体味过竞争的残酷，体会到汗水的甜美，人生就不枉然，你就能拥有充实和幸福的人生。

有一天，30岁的千万富翁富勒在办公室里心脏病突发，而他的妻子在这之前由于他常常忙于工作无暇顾及她和两个孩子而痛苦不已，也刚刚打算离开他。他开始意识到自己对财富的追求已经耗费了所有他真正珍惜的东西。他打电话给妻子，要求见一面。当他们见面时，他们热泪滚滚，于是决定消除掉破坏他们生活的东西——他的生意和物质财富。

他们卖掉了所有的东西，包括公司、房子、游艇，然后把所得的收入捐给了教堂、学校和慈善机构。他的朋友认为他疯了，但富勒感到从没比现在更清醒过。

接下来，富勒和妻子开始投身于一桩伟大的事业——为美国和世界其他地方的无家可归的贫民修建"人类家园"。目前，"人类家园"已在全世界建造了6万多套房子。富勒曾为财富所困，几乎成为财富的奴隶，差点儿被财富夺走他的妻儿和健康；而现在，他是财富的主人，和妻子为人类的幸福工作，他拥有了自信而乐观的生活，觉得自己是世界上最富有的人。

——摘自《哈佛大学的幸福课》晨曦 黑龙江教育出版社 2008

富勒的事例告诉我们，财富几乎买不到世界上所有珍贵的东西——健康、生命、家庭、孩子……他们的生活虽然由于放弃了名利而略显苍白，而事实上，他们是天底下最大的富翁！

一生拼命追名逐利而让自己在难以承受的重压下逝去的人太多了，很难想象，在临终时他们的感觉会是因名利而满足，到那个时候恐怕最想得到的是心底的救赎和围绕在身边的亲人传递给他的力量吧！淡泊名利，其实就是在给自己储蓄甜蜜和幸福。

看看我们身边，尚有如此多的身外之物，如此多的被名利所扰的疲惫之人。天下虽大，名利虽多，换不来的是内心的宁静与祥和。既然想拥有却不能拥有的东西是一种痛苦，那么不如选择放弃吧！淡泊名利就是要在天地间来去自由，无牵无绊，就是要让自己过得比别人轻松。

因此，学会淡泊名利吧，你看一切将变得如此天高云淡，一切都变得静谧与美好。

用平常心对待名利

其实，人的一生都在为名利奔波，要想怀一颗平常心对待名利，的确很难。

有这样一则报道，一个中学的班主任教师，为了激发学生的学习兴趣，调动学生的学习积极性，竟然这样对学生宣传学习的好处——学习好能给你们带来荣华富贵。此消息传出后，在社会上引起轩然大波。很多人都指责这位教师的做法，但也有人认为，这位老师说的是实话，与"学习改变命运"的经典口号在本质上是一致的。

诚然，名利能给人带来巨大的物质利益，能满足人的面子思想。但如果过分地追名逐利，肯定会给人带来无尽无休的苦恼。萨克雷的《名利场》中的女主人丽蓓卡·夏普便是典例。她的一生都是在不断追求功利中度过的，但到最后，她的一切心机全白费了。作者在全书的结尾以感伤而又无奈的语气说道："唉，浮名浮利，一切虚空，我们这些人里面谁是真正快活的？谁是称心如意的？就算当时遂了心愿，以后还不是照样不满意？"

人在这个世界上，只不过是一个来去匆匆的过客。名和利，都是过眼烟云，身外之物，生不带来，死不带去，与其一生为它所累，不如活得实实在在、快快乐乐。

非淡泊无以明志，非宁静无以致远，古人这寥寥数语，道出了人生的许多真谛。淡泊名利，是一种佳境；追逐名利，是误入歧途。淡泊名利，可能平凡，但还不至于平庸；追逐名利，可能会风光，但心灵不会自由，这样做人还有什么意思呢？名利无非是身外之物，面对名利，我们要做到：得之泰然，不惊不喜；失之淡然，不悲不怒。为了名利而累心累身，的确是在干本末倒置的傻事。

正确的做法是，用一颗平常心看待名利，看得淡一点，再淡一点。古往今来，众多的学问家都是这样做的。他们对个人的名利常常不屑一顾，而是将全部的心血、才华投入到自己喜爱的事业中。所以，他们既能享受到心如止水的快乐，也能水到渠成地获得巨大的成就。

钱钟书先生学贯中西，着有《谈艺录》《管锥编》《围城》等巨著，享有"博学鸿儒""文化昆仑"之美誉。一位美籍华人新闻记者要采访他，却被他拒之门外。他把《写在人生边上》一书重印的稿费全部捐献给了中国社会科学院文学研究所；把电视剧《围城》的稿费全部捐献给了国家；国外有许多地方要重金聘他，皆被他婉言拒绝。他对一位年轻人说："名利地位都不要去追逐，年轻人需要的是充实思想。"钱钟书甘于寂寞、淡泊自守、不求闻达，视名利如浮云，让人从内心里更加尊敬他。

真正淡泊之人，心态平和，堂堂正正做人，踏踏实实做事。让世界上30多个国家的人民吃饱饭的"世界杂交水稻之父"袁隆平就是这样一个人。

袁隆平一生致力杂交水稻研究，获得了19项国内外大奖，可是他在名利面前仍然是心如止水。他说："科研工作者要淡泊名利，踏实做人。现在有少数人搞学术腐败，就是功利心、享乐心太重，急功近利，弄虚作假，到头来害人害己，做人还是踏踏实实的好。"在金钱面前，袁隆平自己仅仅是满足于最基本的生活需求，而将国内外获得的巨额奖金无私地捐献给了国家。对此，他解释道："精神上要丰富一点，物质生活上则要看得淡一点。一个人的时间和精力是有限的，如果老想着名利，哪有心思搞科研？

在吃方面以清淡和卫生为贵，穿方面只要朴素大方就行了。这样身心才会健康，心情才会愉快，事业才会做得长久。"

淡泊是一个人的修养，是一个人的精神境界。看看袁隆平的胸怀与风范，我们还用得着为一点点蝇头小利而耿耿于怀吗？

现实社会五光十色，充溢着各式各样炫人耳目的诱惑。对于金钱、名利、地位这些东西，很多人嘴上说是"视为粪土"，但内心还是"看不破，忍不过，想得到，做不来"。对于名利，他们忍不住还要去争一争、抓一抓，最终还是陷入了名利之争。

有一位高僧，是一座大寺庙的方丈，因年事已高，心中思考着找接班人。一日，他将两个得意弟子叫到面前，这两个弟子一个叫慧明，一个叫尘元。高僧对他们说："你们俩谁能凭自己的力量，从寺院后面悬崖的下面攀爬上来，谁将是我的接班人。"

慧明和尘元一同来到悬崖下，那真是一面令人望而生畏的悬崖，崖壁极其险峻陡峭。身体健壮的慧明，信心百倍地开始攀爬。但是不一会儿他就从上面滑了下来。慧明爬起来重新开始，尽管这一次他小心翼翼，但还是从山坡上面滚落到原地。慧明稍事休息后又开始攀爬，尽管摔得鼻青脸肿，他也绝不放弃……让人感到遗憾的是，慧明屡爬屡摔，最后一次他拼尽全身之力，爬到半山腰时，因气力已尽，又无处歇息，重重地摔到一块大石头上，当场昏了过去。高僧不得不让几个僧人用绳索，将他救了回去。

接着轮到尘元了，他一开始也是和慧明一样，竭尽全力地向崖顶攀爬，结果也屡爬屡摔。尘元紧握绳索站在一块山石上面，他打算再试一次，但是当他不经意地向下看了一眼以后，突然放下了用来攀上崖顶的绳索。然后他整了整衣衫，拍了拍身上的泥土，扭头向着山下走去。

旁观的众僧都十分不解，难道尘元就这么轻易地放弃了？大家对此议论纷纷。只有高僧默然无语地看着尘元的去向。

尘元到了山下，沿着一条小溪流顺水而上，穿过树林，越过山谷……，最后没费什么力气就到达了崖顶。

当尘元重新站到高僧面前时，众人还以为高僧会痛骂他贪生怕死，胆小怯弱，甚至会将他逐出寺门。谁知高僧却微笑着宣布将尘元定为新一任住持。

众僧皆面面相觑，不知所以。

尘元向同修们解释："寺后悬崖乃是人力不能攀登上去的，但是只要于山腰处低头向下看，便可见一条上山之路。师父经常对我们说"明者因境而变，智者随情而行"，就是教导我们要知伸缩退变的啊！"

高僧满意地点了点头说："若为名利所诱，心中则只有面前的悬崖绝壁。天不设牢，而人自在心中建牢。在名利牢笼之内，徒劳苦争，轻者苦恼伤心，重者伤身损肢，极重者粉身碎骨。"然后高僧将衣钵锡杖传交给了尘元，并语重心长地对大家说："攀爬悬崖，意在堪验你们的心境，能不入名利牢笼，心中无碍，顺天而行者，便是我中意之人。"

——摘自高峰居士—天峰金刚的博客《进退之间的选择（禅故事）》2009.11.13

世间痴情之人，执着于勇气和顽强者不在少数，但是往往如故事中的慧明一样，并不能达到心中向往的那个地方，只是摔得鼻青脸肿，最终一无所获。在己之所欲面前，我们缺少的是一份低头看的淡泊和从容。低头看，并不意味着信念的不坚定和放弃，只是让我们拥有更多的选择和回旋的余地。

能够以一颗平常心对待名利，就能平静地对待生活，平静地面对身边的人和事，得到了欣然接受，失去了泰然处之。鲜花掌声不忘形，冷嘲热讽无所谓；得意时候不张扬，挫折面前不忧伤……。唯有如此平常的心态，才能让人得到真正的幸福和快乐。

名利不等于幸福

很多人认为，有了名利就意味着拥有了幸福，并且把功名利禄作为评判幸福的标准。然而不论是功成名就的人，还是穷困潦倒的人，他们都无法用名利来定义自己的幸福。拥有的多的人害怕失去，一无所有的人又急于求成。这些都是他们不甘于寂寞的结果，所以他们不知道什么是幸福。

实际上，有了名利不代表拥有幸福，因为名利与幸福之间不能划等号。美国一所大学通过一项调查发现，真正的幸福与名利无关，通常情况下幸福来自"精神上的满足"。这所大学对147名大学毕业生进行了跟踪调查，结果发现，很多名利双收的人不仅没有幸福感，反而有生活毫无意义的感觉，而真正感到幸福的人则是那些能实现"自我价值"的人。研究人员把"自我价值"所包含的内容整理为"重视个人能力的培养、拥有亲情友情、热身于公益事业"等。

由此可见，真正的幸福不是物质上的满足，而是精神上的满足。一些拥有大量金钱和名利的人身不由己，因为许多事情并不是他们想做的，却必须这样做，这些人往往沉浸在失落中。很多人都认为有了名利就至高无上，可以对其他人指手画脚，呼风唤雨，却换不来真正的爱情和长久的幸福。

"当物质上的清贫者，当精神上的富有者"是耐得住寂寞的表现，是崇高的思想境界，是高尚的道德情操。有了这种思想和精神，一个人才能时时不为物质利欲所惑，不为名利缰绳所绊，才能功德圆满获得幸福。

《圣经》里说："我们活在这个世界，但不属于这个世界。"就是说世界不是我所有，仅是为我所用的。名利就是束缚世人的缰绳，只有拨开云雾才能唤起心中的阳光。有人在名利里沉沦，有人在名利里挣扎，但也有人在名利里淡然处之，坦然镇定，不为名利所俘，不做名利的俘虏。

名利伤人心，一点闲名却带来烦恼无尽。唯有除去闲名，还一片净心，才能得到心的顿悟，得之圆满。

洞山禅师感觉自己即将离开人世。这个消息传出去以后，人们从四面八方赶来，连朝廷也派人急忙赶来。

洞山禅师走了出来，脸上洋溢着净莲般的微笑。他看着满院的僧众，大声说："我在世间沾了一点儿闲名，如今躯壳即将散坏，闲名也该去除。你们之中有谁能够替我除去闲名？"

殿前一片寂静，没有人知道该怎么办，院子里只有沉静。

忽然，一个前几日才上山的小和尚走到禅师面前，恭敬地行礼之后，高声说道："请问和尚法号是什么？"

话刚一出口，所有的人都投来埋怨的目光。有的人低声斥责小沙弥目无尊长，对禅师不敬，有的人埋怨小沙弥无知，院子里闹哄哄的。

洞山禅师听了小和尚的问话，大声笑着说："好啊！现在我没有闲名了，还是小和尚聪明呀！"于是坐下并闭目合十，就此离去。

小和尚眼中的泪水再也止不住流了下来，他看着师父的身体，庆幸在师父圆寂之前，自己还能替师父除去闲名。

小和尚立刻就被人围了起来，他们责问道："真是岂有此理！连洞山禅师的法号都不知道，你到这里来干什么？"

小和尚看着周围的人，无可奈何地说："他是我的师父，他的法号我岂能不知？""那你为什么要那样问呢？"小和尚道："我那样做就是为了除去师父的闲名！"

——《佛经上181条做人的道理》作者：郭海全 新世界出版社 2009.12.1

在现代都市生活里的人们为了名、利长期陷入动荡、嘈杂的生活中，时时迷失方向，不辨是非，被名利牵着鼻子走。只有沉静地面对心中对名利的追求，与自己对望，方能知而改过。

随着社会的飞速发展和竞争的日益加剧，越来越多的年轻人把名利和幸福搅在一起，认为有了名利就有了幸福。心理学家经过长期的研究却发现一个问题，崇金拜利的人更容易患上忧郁症，而那些对金钱和名利不屑一顾的人却活得更快乐、更健康。"幸福就是拥有许多的钱和高人一等的地位"，这是大部分人眼中的幸福。为了所谓的幸福，他们努力寻找，费尽心思琢磨。然而在生活中，并不是人人都能够得到这种幸福，因为它少之甚少，可遇而不可求。当心中的这种幸福状态得不到实现时，人们会认为自己无能，瞬间跌落到人生的低谷。如果在这个时候得不到帮助，他们就会身陷低谷，对事物丧失兴趣，对什么都持怀疑态度，慢慢就会发展成忧郁症。其实，成功或幸福在很大程度上取决于人们的评判标准。对于一些人来说，他们没钱没权，但他们却不认为自己是失败者，因为他们能吃饱穿暖，精神生活很富裕。他们确立的目标切实可行，虽然算不上成功但也活得快乐、幸福。

因此，年轻人在追求美好明天的过程中，应该根据自身实际情况制订切实可行的计划，量力而行，不要好高骛远、不求实际。成功也好，名利双收也罢，这些身外之物都不值得人们为之付出太多精力。亿万富翁未必幸福，平民百姓未必不幸福。因此，人们应该不时地问一下自己：我幸福吗？

于洁有两个关系很好的大学女同学李想和董慧，最近一段时间，她们三人都将步入婚姻的殿堂。李想和董慧的老公都是有钱人，有钱有房，认识才半年就谈婚论嫁了，只是年龄上有些差距。其实，李想和董慧跟于洁一样，原本也有谈了多年的男朋友，只是毕业后她们崇尚高品质生活，而以前的男朋友的收入难以满足她们物质上的需求，于是她们便投到有钱男人的怀抱，过着和于洁不一样的高品质生活。在别人的眼里，她们应该很幸福，这令于洁心里失落极了，因为这些都是让所有女人渴望的东西，而自己却没有。同时，她的老公刚开始工作，还处于实习期，工资少得可怜，双方父母也没有多少积蓄，她的婚礼简单得让人无法相信，于洁对李想和董慧说："你们真幸福。"几乎是在同时，李想和董慧说："你才幸福呢！别身在福中不知福，能和自己相爱的人经历多年的爱情长跑到达最美好的彼岸，这是最幸福的事情。"于洁问："难道你们不幸福？拥有那么多别人奋斗多年也得不到的东西，这是多少人梦寐以求的。"她们发出了长长的叹息，那一声长叹里既有无奈也有无助，总之不是幸福。后来，李想告诉于洁，她老公和前妻的两个孩子天天和她闹，而她只能忍气吞声，不然她会身无分文；而董慧悄悄地发来邮件说，一大家子住在一套复式房子里，她必须每天小心翼翼地说话和做事，生怕惹着脾气不好的婆婆，她活得累极了。

当初，于洁听到她们和有钱人结婚的消息时心里不是滋味，因为她们之间有了距离。后来，于洁的心理渐渐平衡了许多，因为上帝对每个人都是公平的，让你在有所得时必有所失，不可能把你想要的东西全部给你。于洁的老公没有钱、没有权，也没有车、没有房，但他会帮着她洗衣服和做饭，不厌其烦地陪她逛街，第一时间把工资全部交给她……，那两个同学的老公能做到这些吗？

李想和董慧为了荣华富贵放弃了多年的爱情，最终没有得到幸福。由此可见，幸福与名利不能并存，它们的关系恰恰相反：名利和幸福，一个向左走，一个向右走。

——摘自书乐网《十一、名利向左走，幸福往右去》

的确，人的一生总会遇到名利与幸福的选择题，是舍弃功名得到幸福还是抛弃幸福求得功名，这都要看人生的态度。功名乃是身外之物，生不带来，死不带去，而幸福却是一辈子的事情。把握好幸福的尺度，就知道人生的真谛是什么，道路该怎么走。因此要淡泊名利，不要过分看重成败，不要过分在乎别人对你的看法。只要自己认为得到了幸福就是最大的幸福，而这个幸福与名利的关系不是很大。

不要为名利所累

自古以来，人们都极力地追逐名利，有的人孜孜以求，结果一败涂地，有的人坦然淡泊，结果却一生顺利。面对这纷繁的人世，如何看穿名利，对于我们的人生非常重要。

"天下熙熙皆为利来，天下攘攘皆为利往"。自古以来，有多少人能够逃得出这两方面的局限？"名"是精神领域的代表，"利"是物质领域的代表，人们生活无非是为这两个方面而已，所以，"千古以来，没有不好名者"。名声、荣誉以及随之俱来的被人尊崇的荣耀，谁不希望拥有呢？"千古以来，亦未有不好利者"，因为"利"，可换取一切物质。

有名有利是件好事，但是最关键的是不能利欲熏心。如果满心都是名与利，那么结果只能落入名利的泥淖，自己毁了自己。在这方面有很多典型的例子就说明了这一点。

古时候，有多少人为考取功名苦读一生，又有多少人为保住功名钻营一生。和坤是乾隆身边的宠臣，为了功名一生都在算计别人，最后却把自己算计进了大牢，落了个贪官的臭名。

所以，孟子认为利是不能谈的，见利就会忘义，天下就乱了。孟子见梁惠王，梁惠王说："老先生，您千里迢迢跑到敝国来，可能有什么计划使敝国获利吧？"孟子就一本正经地回答说："大王何必讲'利'，如果现在大王说怎样使自己的国家获利，你的官吏就要说怎样使自己的家族获利，你的老百姓更要说怎样使自己获利，上上下下都争起利来，国家就危险了。"

名利之心自古有之，很多人没有把持好，落得身败名裂，也有很多人很好地控制了自己，于是一生也便简单而顺利了很多。

名利只是身外之物，懂得了这点，就能做到淡泊名利，就能不为名利所累，就能坦然一生。

那些成就大业的人往往对名利看得很淡，他们在成功之后并不张扬，而是一如既往地保持着谦虚的姿态，在他们眼里似乎那些美丽的光环只是昙花一现，于他们而言毫无关系。伟大的居里夫人就给我们树立了良好的榜样。

居里夫妇在经过一番长期的艰辛实验之后，终于发现了镭，从而引起世界轰动。当时，世界各地纷纷来信希望了解提炼的方法，居里先生平静地说："我们必须在两种决定中选择一种。一种是毫无保留地说明我们的研究成果，包括提炼方法在内；第二个选择是我们以镭的所有者和发明者自居，但是我们必须先取得提炼镭沥青矿技术的专利执照，并且确定我们在世界各地造镭业上应有的权利。"取得专利意味着他们可以获得巨额的金钱，从此拥有舒适的生活，这对他们原本的穷困是一种补贴。但是居里夫人听后却坚定地说："我们不能这么做。如果这样做，就违背了我们原来从事科学研究的初衷。"想一想，做出一项发明需要付出多少汗水和血泪，需要经历多少艰辛和困难。为了这项发明他们付出了所有，甚至自己的生命也差点丧失。但此时她轻而易举地放弃了这唾手可得的名利，如此淡泊名利的人生态度，使人们都能感受到她不平凡的气度。

对待名利，居里夫人时常告诫孩子："名利就像玩具一样，只能玩玩而已，决不能永远守着它，否则就将一事无成。"她一生获得各种奖章16枚，各种荣誉头衔117个，自己却丝毫不以为意。她甚至把奖章当成孩子的玩具。

还有一个是人人皆知的大科学家爱因斯坦，他对世界来说具有极大的影响力，可是对大多数人所汲汲追求的名声、富贵或奢华他却看得非常轻淡，也因此留下了无数的佳话。尽管是国际知名的大科学家，爱因斯坦却说，除了科学之外，没有哪一件事可以使他过分喜爱，而且他也不过分讨厌哪一件事。据说在一次旅行中，某艘船的船长为了优待爱因斯坦，特意让出全船最精美的房间等候他，爱因斯坦竟然严辞拒绝了。他表示自己与他人并无差异，所以不愿意接受这种特别优待。这种虚怀若谷、坦然率真的人品，使爱因斯坦成为许多人诚心敬佩的对象。

　　身为唐朝宰相的李义琰其住所非常简陋，于是他的弟弟为他买了建房的木料。李义琰知道这件事后，对弟弟说："让我担任国家的宰相，我已经感到非常惭愧，怎么可以再建造好的房舍，从而加速罪过和祸害的到来呢？"其弟说："凡是担任地方丞、尉官职的，尚且扩建住宅房舍，而你位居宰相，地位这么高，怎么可以住在这样狭小低下的宅舍中呢？"

　　李义琰回答："人们希望中的事情很难完全实现，两件事物不可能同时光盛。已经处在显贵的官位，又要扩展自己的居室宅舍，如果不是有美好的品行，必然遭到祸害。"他最终没有答应建房。后来，木料也腐烂了，只好扔掉。房子虽然没盖成，但谦逊的美德已经养成了，自己的地位也稳固了，这正是放下名利，名利自至了。

　　清朝两江总督于成龙被康熙誉为"天下第一廉吏"，他做了20年官，却依然两袖清风。他的生活是名副其实的"不贪不占不巧取，戒奢戒骄戒招摇"。每次升迁离任时，只用坛子装些当地的泥土留作纪念，每日粗米旧衣，形如樵夫，而当时的官场现象是"三年清知府，十万雪花银"，这使得他这个清官极为难得。他的品德为人所称颂，使当时江宇一带一改奢靡之风，以至在其病逝20年后，康熙再下江南时，当地百姓仍念念不忘他的清廉之名。

　　大千世界，万种诱惑，什么都想要，会累死你，"放下名利"，该放就放，是人生最宝贵的经验，它将使我们能在障眼的迷雾中辨明方向，勇往直前；将使我们在与邪恶的斗争中伸张正义，克敌制胜。"放下"，使人如同苍松翠柏，不怕乌云翻卷，不怕雨暴风狂，挺立世间，永不摧折。

名利之心人皆有之。有名利之心也是很正常的，但关键是要把握好尺度，懂得进行自我控制，不要把名利看得太重，超出限度，如果把名利看得太重，整日提心吊胆，被名利所累，这样的人是毫无乐趣可言的。

顺应己心，放下名利，并不是把自己置于完全被动的地位、听天由命，而是敢于正视现实、正视矛盾，时时保持乐观的态度。尤其对于领导者来说，难免出现失误，千万不要把名利看得太重，否则，期望越高失望越大。因为现实毕竟是现实，既然不能超越现实，就应该勇敢地面对它，始终抱着乐观、豁达的态度，这样才不会为名利所累，成为利欲熏心之徒。

当今社会竞争激烈，给人带来很大的生存压力。优胜劣汰的原则告诉我们时时刻刻都不能掉以轻心。但在努力工作的同时，也应该养成顺应自然、泰然处之的处世之道。只有这样，才不会使你在遭受挫折时心态严重失衡，甚至还可以帮助你重建人生信念，鼓起奋斗的风帆，塑造新的自我。

如何使自己看穿名利呢？这是一个很重要的问题，关键在于处事者本身。"仕途虽繁荣，要常思泉下的光景，则利欲之心自淡。"中国古代的许多诗人、名士皆因仕途坎坷而隐居山林，或游览大江南北，遂创作了许多脍炙人口的佳作，但你能说他们不是由于官场失意，而借文章来倾吐胸中的烦闷吗？当然，也有很多人开始参悟禅宗，在禅语、禅味中寻求自我平衡，自我解脱。

警惕名利背后的"陷阱"

名利是诱人的，它的诱人之处在于既有心理意义上的满足，又有物质意义上的满足。所以很少有人能淡泊名利，超然世外。为此，很多人都掉进了名利背后的"陷阱"里。

一个农夫进城卖驴和山羊。山羊的脖子上系着一个小铃铛。三个小偷看见了，一个小偷说："我去偷山羊，可以让农夫发现不了。"另一个小偷说："我要从农夫手里把驴偷走。"第三个小偷说："这都不难，我能把农夫身上的衣服全部偷来。"

第一个小偷在道路的转弯处悄悄地走近山羊，把铃铛解了下来，拴到了驴尾巴上，然后把山羊牵走了。农夫四处环顾了一下，发现山羊不见了，就开始寻找。

这时第二个小偷走到农夫面前，问他在找什么，农夫说他丢了一只山羊。小偷说："我见到你的山羊了，刚才有一个人牵着一只山羊向这片树林里走去了，现在还能抓住他。"农夫恳求小偷帮他牵着驴，自己去追山羊。第二个小偷趁机把驴牵走了。

农夫从树林里回来一看，驴子也不见了，就在路上一边走一边哭。走着走着，他看见池塘边坐着一个人，也在哭。农夫问他发生了什么事。

那人说："人家让我把一口袋金子送到城里去，实在是太累了，我在池塘边坐着休息，睡着了，睡梦中把那口袋推到水里去了。"农夫问他为什么不下去把口袋捞上来。那人说："我怕水，因为我不会游泳，谁要把这一口袋金子捞上来。我就送他二十锭金子。"

农夫大喜，心想："正因为别人偷走了我的山羊和驴子，上帝才赐给我这样的机会。"于是，他脱下衣服，潜到水里，可是他无论如何也找不到那一口袋金子。当他从水里爬上来时，发现衣服不见了。原来是第三个小偷把他的衣服偷走了。

这就是人生三大"陷阱"：大意、轻信、贪婪。

——摘自正音坊网《一个农夫的故事》2014.4.24

生活中，很多人为了追逐名利而不顾一切，只要看到有利可图、有名可占就迅速地扑上去，根本不在乎那是一个"陷阱"。

古时候有一位国王，他喜欢四处游玩。有一次，他和大臣出去游玩的时候，不小心把自己的一枚戒指弄丢了。这枚戒指上面刻着国王的名字，国王非常珍爱这枚戒指。丢了戒指的国王魂不守舍地回到了王宫。他命人通告全国百姓，如果有人捡到他的这枚戒指，他会用巨额奖金奖赏此人。

一个卫兵看见了国王的这个通告，非常高兴，因为他刚好捡到了国王的这枚戒指。他打定主意要亲手把这枚戒指送到国王的手里。

卫兵带着戒指突破重重阻碍最终来到了国王的宫殿前。正当卫兵踏上宫殿前面的台阶时，一个大臣拦住了卫兵。他问道："你是谁，要做什么？"

卫兵说："我捡到了国王的戒指，要把戒指还给国王。"

大臣听到这话，忽然微笑着对卫兵说："你可以因此得到一大笔奖赏，是吗？"

卫兵说："我不在乎这些奖赏，我只希望能把这枚戒指亲手交给国王，并且见他一面，这就是我无上的荣耀了。"

大臣听到卫兵这样说，眼珠子一转说："你不看重金钱，实在难得。你如果要见国王的话，必须要通过我。如果我不进去给你通报的话，你是见不到国王的。"

卫兵给大臣鞠了个躬说："那么就麻烦您给我通报一声吧。"

大臣笑呵呵地说："这是当然的，但我有一个条件，就是将你的奖金分一部分给我，你看怎么样？"

卫兵看着贪心的大臣，无可奈何地点了点头说："可以，我会分一半给您的。"

但是，贪心的大臣并没有因此放下心来，他给了卫兵一张纸，让卫兵在上面写下字据，因为他害怕卫兵反悔。于是卫兵在纸上写道："无论我的奖赏是什么，都会分一半给大臣。"写完，两个人都在纸上签上自己的名字。

就这样，大臣领着卫兵去见了国王。国王看到失而复得的戒指，非常高兴。笑着对卫兵说："你是一个诚实的小伙子，要什么样的奖赏，要多少我都会给你的。"

卫兵笑着对国王说："陛下，我什么奖赏都不要，我希望陛下能打我100棍。"

面对这样的要求，国王非常奇怪，他说："你捡到我的戒指，并送还了回来，我怎么能打你呢？"

卫兵坚定地说："我真的什么奖赏都不要，只要您打我100棍。"

国王不知道这个年轻人葫芦里卖的什么药，但国王还是决定满足年轻人的要求，打他100棍。这时，卫兵指着大臣和国王说："他要和我一起分担这100棍，也就是说我们一人50棍。"

国王非常奇怪地看着大臣，大臣在一边急得直跺脚。他对国王说："这个人是个疯子，他在胡言乱语。"卫兵听到这样的话，就把自己和大臣在宫殿前面的对话说给了国王听，并且说："我们立有字据，我在上面写，无论我得到什么样的奖赏，都分一半给大臣。"国王命令大臣将那份字据拿出来，大臣只好极不情愿地将字据交了出来。

国王看着字据微笑着说："果然没有错，你只能接受这样的奖赏了。"于是，大臣趴在地上结结实实地挨了50棍，这个时候卫兵跟国王说："陛下，我不是个贪心的人，所以我希望把我的那一份也送给这位尊敬的大臣。"

国王微笑着看着卫兵说："你是个聪明勇敢的小伙子，你的这个提议非常好，我批准了，就把你应得的那份也送给他吧。"国王指着趴在地上的大臣说。看着大臣接受完惩罚，卫兵向国王道别。趴在地上被打得不能动弹的大臣，只好眼睁睁地看着卫兵离开皇宫。

这位大臣因利而迷失了心智，最终伤害了自己。由此可见，别人的东西，永远是别人的，想方设法把别人的东西变成自己的，结果反而掉进了别人设置的"陷阱"，这都是贪婪惹的祸。

名利只是一场美梦

滚滚红尘中，每个人都有贪念，但有的人无法控制自己的欲望而任由贪念纵横，想要得到的东西很多，但又不舍得放弃现在拥有的，得到名的同时还想掌握着利。很多人在名利场上失掉了理智的"指南针"，陷入了名利的"旋涡"，成为名利的"俘虏"。人们苦心追逐的名利往往到头来只是空欢喜一场。

古人云："非淡泊无以明志，非宁静无以致远。"淡泊名利是一种处世态度，是一种人生情怀，是一种生命境界。在众人面前不骄傲自满，在别人讥讽面前不灰心丧气。始终保持一种平和从容、乐观豁达的人生态度。不做名利的"俘虏"，也不为各种利欲所左右，使自己的人生不断升华。

很久以前，有一个国王，他很喜欢音乐。他听说自己的国家有一位演奏技艺很好的音乐家，便派人去请那位著名音乐家来皇宫演奏，并承诺：如果音乐家演奏的音乐能使他赏心悦目，那么他将送给音乐家很多名贵的珠宝。

音乐家听了国王的承诺，很高兴，于是以最快的速度赶往宫廷。见到国王后，他便拉开了架势，在演奏的时候使出了浑身解数，非常卖力地演奏。那悦耳的音乐令国王陶醉其中，忘乎所以。

演出结束了，国王什么表示也没有。音乐家很纳闷，等了很久也没有看见国王兑现承诺，于是忍不住询问国王："我的演出您还满意吗？"

国王说："嗯，非常好，是我听过的最动听的音乐了，我简直被它吸引了，太美妙了。"国王一边说一边自我陶醉，完全看不见音乐家的疑惑。

看着国王沉浸其中的自足表情，音乐家微笑着说："那么陛下，既然我的演奏让您如此的喜欢，那么……之前您说的承诺是否要兑现呢？"

听完音乐家的话，国王的脸色稍稍一沉，继而说道："听你的音乐并没有使我得到什么，只是让我觉得悦耳，我很欢喜。至于我说给你珠宝，也只是使你欢喜。你给我欢喜，我也给了你欢喜，我们对等了，你还要什么呢？"

音乐家听完国王的话，脸色很难看地走了。

世事无常，时光变迁，世人拼命追求的和拥有的不是一成不变的永恒的东西。功名利禄皆是身外之物，而世人多被这些虚无的东西所拖累，殊不知，"名利竟如何？岁月蹉跎，几番风雨几晴和，愁雨愁风愁不尽，总是南柯"。只有在名利场里稳住自己，才能不被名利所俘。

唐朝时期的杨国忠本是无赖出身，学识浅薄，才能平庸，仅因族妹杨玉环得宠于唐玄宗才得以重用，由金吾、兵曹、参军跃居右相，并身领四十余使。杨国忠生活腐败，黩武贪功，专横跋扈。他得势之后，一些寡廉鲜耻、趋鹜弃竞之徒纷纷投靠他，以图分得一杯羹。

当然，也有一些明智之士对这个暴发户的前途看得十分清楚，陕州进士张篆学问广，名气也很大，有人劝他去找杨国忠，谋取荣华富贵。张篆说："你们以为他稳如泰山，在我看来，他只不过是一座冰山罢了，一旦太阳出来，这座冰山就会融化，还能做你们的靠山吗？"目睹时局的纷乱后，他便隐居到意山去了。

杨国忠当上宰相后，为了培植自己的势力，就官员铨选问题向吏部做出指示："文部选人无问贤与不肖，选深者留之，依资据阙注官。"就是说，不管贤才、庸人，升级一律按资排辈。这样一来，那些候补多年、不能升级的人，一个个得到了满意的官职。杨国忠这样做，既廉价收买了人心，又挑选出一批庸庸碌碌、俯首听命的奴才，可谓一举两得。

为满足奢侈豪华的生活，杨国忠还利用职权大肆贪污，聚敛财物。在他家中光是丝织品就积存了3000万匹。

杨国忠曾对人说："我本来出身清寒，是靠了后宫的关系才到了今天这样的地位，以后也不会有什么好名声，倒不如生前尽情享乐。"杨国忠这番话道出了这个无赖出身的政治暴发户内心世界的丑恶。

杨国忠所干坏事较之前任李林甫犹有过之。由于他的窃朝乱政，致使玄宗后期政治更加黑暗，阶级矛盾、民族矛盾日益尖锐，从而导致了"安史之乱"的爆发。

当时潼关陷落，长安指日可下，形势万分危急。唐玄宗依杨国忠的建议放弃了长安逃往蜀中。在前行的途中，随从护驾的禁军将士经过一天多的紧张行军，已无比饥渴劳困，不愿再走。龙武将军陈玄礼对杨国忠早有不满，他对将士说："今天下分崩离析，皇上蒙此大难，都是由于杨国忠胡作非为一手造成的。如不诛之以谢天下，怎能平息四海的怨愤？"众军士回答："我们早就有这个打算了，除掉了这个奸臣，即使我等身获死罪也不后悔！"

这时，有20多位吐蕃使者因得不到食物，饥饿难忍，围住杨国忠的坐骑在诉苦。禁军士兵突然大呼："杨国忠与吐蕃人在谋反！"有人发箭射中了杨国忠的马鞍，杨国忠翻身下马，逃到马嵬驿的西门内。众将士将西门团团包围，一齐追上，将杨国忠斩首。

其实，历史上像杨国忠这样的人简直是太多了，他们没有一个有好下场。尘世的诱惑就像绳索一样羁绊着众人，阻碍了人的进步。很多人陷入名利的泥潭中，不能自拔，甚至丢掉了性命。把生命都耗费在名利的争夺上，到头来只能是如美梦一场空。

看淡虚名重利，活得轻松自在

有些人只知道功名利禄会给人带来幸福，殊不知功名利禄也会给人带来痛苦。为了功名利禄，他们劳心、劳神、劳力；为了功名利禄，他们计划、忙碌、奔波；为了功名利禄，他们怀疑、欺诈、争斗；为了功名利禄，他们溜须拍马、玩阴谋、耍诡计；为了功名利禄，他们如履薄冰、患得患失。最后，纵然财运亨通，有了功名，但早已筋疲力尽。

其实，人生之乐，不在于高官厚禄，不在于锦衣玉食，而在于平淡中的真实。

有一次，亨利·福特到英格兰去。在机场问讯处他想找一个当地最便宜的旅馆。接待员看了看他——这是张著名的脸，全世界都知道亨利·福特。就在前一天，报纸上还有他的大幅照片说他要来了。现在他站在这儿，穿着一件像他一样老的外套，要最便宜的旅馆。接待员说："要是我没搞错的话，您就是亨利·福特先生。我记得很清楚，我看到过您的照片。"

亨利·福特说："是的。"这使接待员非常疑惑，他说："您穿着一件看起来像你一样老的外套，要最便宜的旅馆。我曾见过您的儿子上这儿来，他总是询问最好的旅馆，穿最好的衣服。"

亨利·福特说："是啊，我儿子是好出风头的，他还没适应生活。对我而言，没必要住在昂贵的旅馆里，我在哪儿都是亨利·福特。即便是住在最便宜的旅馆里，我也是亨利·福特，这没什么两样。这件外套是我父亲的，但这有什么关系呢？我不需要新衣服。我是亨利·福特，不管我穿什么样的衣服，即使我赤裸裸地站着，我也是亨利·福特，这根本没关系。"

许多人总是想，要是能出名该多好啊，到处都是鲜花和掌声，可是我们却不知道虚名的背后埋藏了多少辛酸和苦难。为了承受这么一个毫无价值的虚名，人们常常钩心斗角，甚至朋友反目成仇，兄弟自相残杀。俗话说"人怕出名猪怕壮"，有了名气，必然要受到一些非难和妒忌，这样心理就要承受比出名前大得多的来自外界的精神压力。除此之外，如果一个人缺乏冷静的心态，就很容易凭借虚名而忘乎所以，骄傲自大，不再做进一步的努力，这就注定到最后什么也得不到。所以说虚名害人，不可追逐，而智者总是有笑对虚名的勇气和胸怀，不受它的诱惑，脚踏实地地工作，力求不使自己背上功名沉重的思想包袱。

行走于世间，如果我们每一个人平时只管提高自己，而不去追求功名和虚荣，便拥有了一种深层次的人生智慧。因为是金子总是要发光的，只要善于忍耐，不追求虚名，就能够获得他人真正的赏识和敬佩。

在名利场上，得失的对立似乎特别明显。然而，两者总是相互转化的，得到常常意味着失去，失去也可能意味着得到，甚至得失的不仅是名利，还有很多更重要、更深层次的东西。如果在形式上放弃它，反而能够永久地真正拥有。

要能够在纷繁的大千世界中始终看淡虚名重利，就要有穷通达观的人生态度。所谓穷通达观的人生态度，就是指"穷亦乐，通亦乐"：身处贫穷之中能够感受到生活的乐趣，感到快乐；身处富裕之中也能够心态平和，享受生活之乐。说到底，在生活中我们应该始终保持乐观的生活态度，采取一种顺应命运、随遇而安的生活方式，那么不管是处于顺境还是逆境，我们都能过快乐地、自由自在地生活而不会庸人自扰，不会羡慕那些有钱的大款和老板，不会抱怨自己的命不好。

一对夫妻年轻时共同创业，到了中年终于小有成就，公司净资产1000

多万，而且发展势头良好，提起这对夫妻档，商界的人都伸大拇指。然而就在他们的事业如日中天的时候，两人却隐退了，他们辞去了董事长、总经理的位置，将大部分股份卖给一个他们平时就很欣赏的企业家，将房子和车委托给好朋友照管，两个人就潇洒地环游世界去了。消息传出后，大家都觉得太可惜，一些亲戚朋友也不理解，讽刺他们说："年龄这么大了，办事却像小孩子一样，那么大的家业说丢就丢，放着好好的老总不做，偏偏要去环游世界！"在一些人眼里，这对夫妻确实傻得可以，竟然真的就这样抛下名利，从此以后，他们再也体验不到当老总的风光以及大把大把赚钱的乐趣了。其实，这对夫妻才是真正的聪明人，他们抛弃了虚名浮利，却得到了生活的真正乐趣。

是的，有了钱，就可以住豪宅、开名车、吃大餐。在一些人眼里，金钱甚至是一种带有魔力的、可以让人为所欲为的东西。然而任何事情都有两面性，金钱也会给你带来很多麻烦。比如有了很多的钱以后，你就得为自己的安全担忧，谁知道哪个家伙是不是正打着"劫富济贫"的算盘；有了很多的钱，你可能会失去很多朋友，因为你总是担心对方是不是冲着你的钱来的……

人的一生面临许多关卡，许多事情都是难以预料的。不管是名分、地位还是财富，都不是自己所能决定的。人生活在这个社会中，不可能事事顺心。或许一生的努力都是徒劳，或许高官厚禄、巨额钱财在顷刻之间就会离你而去，荣耀风光成为黄粱一梦。一些人老谋深算，为了争名夺利，不择手段地算计他人，可在突然之间已被他人算计。人何必活得这么辛苦，又何必活得这么低贱？因此，远离名利是人生幸福的重要前提。如果你渴望轻松、渴望真正获得生命的意义，那么请记住——远离名利。

的确，人生有许多虚浮之事，名、利皆是如此。虚名重利虽能为人带来一时心理上的满足感，但它是人世间各种矛盾、冲突的重要起因，也是人生之中诸多烦恼、愁苦的根源所在。虚名重利本身不仅毫无价值和意义，而且害人不浅。只有看淡虚名重利，才能活得轻松自在。

人生总是有舍才有得

在我们身边，有许多患得患失的人，他们大多把个人的得失看得过重。其实人生百年，贪欲再多，钱财再多，也一样生不带来死不带去。过于注重个人的得失，将使一个人变得心胸狭隘、斤斤计较、目光短浅。

《老子》中说："祸兮福所倚，福兮祸所伏。"得到了不一定就是好事，失去了也不见得是件坏事。正确地看待个人的得失，不患得患失，才能真正有所收获。人不应该为表面的得到而沾沾自喜，认识人，认识事物，都应该认识他的根本。得也应得到真实的东西，不要被虚假的东西所迷惑。失去固然可惜，但也要看失去的是什么，如果是自身的缺点、问题，这样的失去又有什么值得惋惜的呢？

可是，人生在世，总有许多东西是不愿舍弃的。有既得的，有想要的；有精神的，有物质的；有名利的，有情分的。"难舍""割舍""舍不得"等词汇，体现了人们面对舍弃时的痛苦和无奈。但是，经验告诉我们，一些东西如果不舍弃，势必成为一种负累。正如印度诗人泰戈尔所说："当鸟翼系上了黄金，鸟儿就飞不远了。"勇于舍弃是一种现实需要，善于舍弃是一种处事艺术。耐得住寂寞的人都是一些懂舍得知放弃的人。所以他们离成功总是很近很近。

玛西·卡寒尔是美国电视史上最成功的节目制作人之一。她从1980年开始自己制作节目。第二年，汤姆·温勒加入进来，与她合作得非常愉快。他们制作的《天才老爷》在当时的收视率非常高，这是美国播出时间最长的电视连续剧。其他如《焰火下的魅力》《来自太阳系的三次元》等，也受到诸多好评，并获得多次大奖。关于她的成功，与她懂得放弃是分不开的。

最初在纽约的时候，她应聘到ABC国家广播公司做参观讲解员。这个广播公司可谓是野心家的温床，幸运的是，她只工作了几个月就升任《今夜》节目制作助理。但玛西并不是很喜欢这份工作。

于是，她决定放弃这个人人羡慕的职位，开始转变事业方向，选择一家广告代理公司的电视部门工作。实际上她对广告工作是没有兴趣的，但想到这是一次很好的锻炼机会，就决定留下来。她所在的这一组有3个人，每天的工作有点像间谍，即观察哪个频道、哪个节目的收视率高，然后再细致分析节目的分镜时段、制作素质，向客户提交一份完整的报告，最后建议最佳广告时段，而她提出的建议基本上都令客户非常满意。

但是，她始终清楚，自己更喜欢的是制作电视节目。在好莱坞，玛西认识了正打算开设制作公司的罗吉，并最终成了她的员工，而且一干就是好几年，但依然与自己喜欢的事业没有交集。后来，ABC美国国家广播公司要招一些有才气、有创意的人一起组成庞大的制作团队，共同经营频道。看完后她立刻前往应聘，在已怀孕3个月的情况下，主考官伊塞聘用了她。

她在ABC工作了7年。7年中，她不断推出非常有趣、充满活力和不同风格的节目。但多年后，那种充满创意的环境在慢慢消失，玛西决定创办一家电视制作公司，并最终获得成功。

玛西·卡寒尔的这条成功之路比较漫长，而她成功的秘诀就是不断更换工作，包括放弃一些令人羡慕的职位，最后自己去创业。这是一条风险很大的路，也是放弃的一种更高的境界，那是放弃自己已取得的成功，而在人生路上再一次尝试由零开始。

这不是每一个人都能做到的，能够这样做的人，需要有很大的勇气。因为由自己一手筑造出来的基础，无不凝聚着自己的心血，每踏出一步，无不付出艰辛的代价，由零开始的艰苦奋斗过程只有自己明白，谁不珍惜这来之不易的成功。放弃当前的基础，意味着以前的一切努力将会付诸东流，自己将从另一个起点出发，前面的路平坦或者崎岖不平，谁都不知道，有可能自己会在那里跌倒，输得一败涂地，从此再也无法翻身。所以这样情形的放弃的确需要很大的勇气。

而当你放弃目前的基础走上另一条路时，也可能会发现自己以前所走的路并不适合自己，现在所走的路才是自己应当走的路，现在才是自己生命的开始，这时，你才真正找到了自己的人生奋斗目标。人生得失无定时，要笑看人生起伏。

弗斯特的公司曾经与劳埃德·弗莱公司有过一年的合作关系，弗斯特以规定的价格向他们购买材料。弗斯特的公司是他们最大的客户之一。

一次，他们的副总裁伍迪·伍德沃德提出想要与弗斯特在匹兹堡全面讨论一些重要的事。弗斯特前一天晚上到达，第二天早上的早饭时和他会面。弗斯特知道他在想什么。果真，他说："我仔细地考虑了一下我们现在的合同，发现我们现在无法按照合同上的价格给你提供材料。"

弗斯特本来可以对他说："你自己找的麻烦自己受吧，我们七个月以后再谈。"这样，他将不得不按合同给弗斯特供货，但他无疑会因此而感到不愉快。弗斯特还可以对他说："好呀，我听你的。但是记住，你欠了我的，是吗？"

但弗斯特的事业正在发展，他需要与这个重要的供货商保持长期的、稳固的关系，于是，弗斯特说："请你告诉我你打算要什么价？"

他说："单价20分。"他解释了一下这一要价的原因。

弗斯特在房间里踱了一会儿步子，然后在纸上写下了一个数字——他已经想好自己要做什么。弗斯特说："我给你25分。"

他非常吃惊："等一下，我说过我只要20分。"

弗斯特说："我知道，但是我可以出25分。"

他问："为什么？"

弗斯特说："请告诉我你打算与我合作多长时间？"

他说："三年。"

弗斯特得到了一个长期的承诺，对方得到了一个好的价钱。当他向他的总裁——一个十分强硬的人汇报时，伍德沃德将被视为一个英雄。弗斯特几乎可以想象他们在会议室里的谈话：如果对方主动愿意多提供给我们5分钱的价格，那说明他是值得长期合作的。

人生得失无常，以上的故事就是最好的佐证。有舍才有得，外在的放弃让你接受教训；心里的放弃让你得到解脱。

有个人说了这样一个有趣的事：他曾经和女友做了一个小测验，说如果同时丢了三样东西：钱包、钥匙、电话本，最紧张哪一样？女友毫不犹豫地选择了电话本，而他毫不犹豫地选择了钥匙。答案说，女友是一个怀旧的人，他是一个现实的人。

后来他们分手了，女友的确总被过去纠缠得不快乐，一段大学时代未果的爱情至今还让她念念不忘，而爱情中的他早已为人夫，为人父。女友的心停在了过去，一直后悔当初没有坚持到底，因此，又错过了很多不该错过的人。他问她："还可以挽回吗？"她摇摇头，他说："那为什么不放弃？"她无奈地说："放弃不了。"

他说："其实是你不想放弃。"

——摘自庄士成的博客《舍得，舍得，有舍才有得》

中国有句古语说："苦海无边，回头是岸。"偏偏有人就是执迷不悟，因此，烦恼都是自寻的。

现实生活中，我们总是喜欢朝着自己既定的目标奋力前进，但不是每个人都能获取成功。那些拼搏了一辈子却未能实现理想与抱负的人，会不会是因为他把生命中真正精华的部分当成了"最不好的"，从而不予展示呢？因此，我们应该有这样的心态：工作上，放下业绩，记得缺点和不足；生活上，放下金钱欲望，记得勤俭和朴素；情感上，放下怨恨和嫉妒，记得豁达宽容……。舍得舍得，人生总是有舍才有得。

学会把人生得失看淡

　　人的一生中，凡事都会有得有失，这是自然循环，要认清哪些是得，哪些是失，你才能活得舒心。想要获得，就必须忍受一部分得不到的东西，要心甘情愿地去做已决定的事，因为十全十美只是幻想，在生活中是不存在的，要想得到和不失去并立，你只会失去更多。因此说，要学会把人生中的得失看淡。

　　在漫长的人生中，人们每时每刻都要面临选择，这些选择可能会使我们的生活充满无尽的烦恼和难题，使我们不断地失去一些我们不想失去的东西，但同样是这些选择又让我们在不断地获得，我们失去的，也许永远无法补偿，但是我们得到的却是别人无法体会到的、独特的人生。这就好比月的圆缺，因此面对得与失，要坦然待之，凡事重要的是过程，对其结果过于斤斤计较，或是耿耿于怀，只会让你陷入无尽的苦恼中。

　　有一个人称棋迷的老王，他最大的乐趣就是同人家下棋。在一次闲聊中，他说：他在二十岁的时候下棋的技术就很不错了，经常参加县里或市里的比赛。他为此很是得意，就连以前教过他的老师都不放在眼里了。有一天，他过生日，请了很多人。其中包括他的女友和教他下棋的老师。

　　宴席过后，他如同以往一样要跟老师赛一盘棋。老师提出一个要求，每局都用一样物品做赌注。第一局用一百元做赌注，第二局赌老王最心爱车子，第三局赌老王女友送他的生日礼物。老王痛快地答应了。结果第一局他轻松地就赢了老师。第二局的时候，老师很郑重地警告他说："不要太骄傲，如果输了，车就要不回去了。"老王当然知道车子在自己心中的位置，所以很用心地跟老师又过起招来。可是让他意外的是，他居然输了。在第三局中，老师又对他说，如果他赢了，不光可以保留住女友送他的礼物，还可以把车子也拿回去。于是他就更用心了，全部的精神都放在棋盘上。让人不可置信的是，他居然又输了。他怎么也想不通，平时自己轻松就可以赢得的胜利，怎么会如此大失水平一再失败？老师最终当然没有要他的车子和他女友的礼物，临行前他送给自己这个弟子五个字："外重者内拙"。

老王从这五个字上明白了自己失败的原因：正因为他太在意车子和女友送他的礼物，所以思想上有了羁绊，过度用力和意念过于集中，因而将平素可以轻松完成的事情搞糟了。

——摘自荷花世界的博客《让生命中充满淡泊的恬适和达观的从容》2011.9.11

是啊，越是急于完成什么，越是太在意得失，那么巨大的压力和恐惧就会束缚你的手脚，你离你的目标就会越来越远，成功也将遥不可及。所以，不妨把眼光放得远一些，得失放得开一些，名利看得轻一些，让生命中充满淡泊的恬适和达观的从容，就一定能"水穷之处待云起，危崖旁侧觅坦途。"

"鱼与熊掌不可兼得"。在人生的路上，得亦是失，失亦是得，得中有失，失中有得，在得失之间，无须不停地徘徊，更不必苦苦挣扎，应该用一颗平常心去看待生活中的得与失，不以物喜，不以己悲。

有一个阿拉伯的富翁，在年轻的时候凭借自己的双手辛苦致富，很快成为当地赫赫有名的富翁。可是在一次大生意中，他因为对时局观察不清楚，导致亏光了所有的钱，而且欠下巨额的债务。万般无奈之下，他卖掉房子、汽车，还清债务，可就在这时，妻子嫌弃他贫穷，带着孩子离开了他。

此刻，他孤独一人，没有亲人，生活穷困潦倒，身边只有一只心爱的猎狗和一本书伴随他左右。一个大雪纷飞的夜晚，饥寒交迫的他来到一个荒僻的村庄，想找到一个可以避风的地方，哪怕只是一间破旧的茅棚，他也会很满足。走进村庄，他看到不远处有间茅草屋。他走了进去，看见里面有一盏油灯，没有光亮，叫了几声没有人回应，他想可能主人出去了，先睡下再说。于是用身上仅存的一根火柴点燃了油灯，拿出书来准备读书。一阵风把灯吹熄了，四周立刻漆黑一片。他陷入了黑暗之中，曾经的所有经历涌上心头，顿时对人生感到前所未有的绝望，甚至想结束自己的生命。但是，他忽然看到依偎在身边的猎狗，它是那么的忠心，想到这他感到一丝慰藉，无奈地叹了一口气沉沉地睡去。

第二天早上醒来，他忽然发现自己身边的猎狗被人杀死在门外。看着心爱的猎狗死去，他内心的酸楚涌上心头，他突然决定结束自己的生命，因为这世间再也没有什么值得他留恋了。他最后看了一眼周围的一切。这时，他突然发现整个村庄都沉寂在一片可怕的寂静之中。他急步向前，一路走过去，看到的是一片狼藉，满地的尸体。这些迹象表明，这个村庄昨夜似乎遭到了匪徒的洗劫，而且村里没有一个人活下来。

看到这可怕的场面，他心里没有了结束生命的念头。他想：我是这里唯一幸存的人，看来这一切都是注定的事情。我虽然破产了，没有了金钱，但是我还活着，所以我一定要坚强地活下去，我没有理由不珍惜自己。虽然失去了心爱的猎狗，但是，我得到了生命，这才是人生最宝贵的，有了这些我还有什么渴求的呢？

——摘自Rosa的博客《得与失作文素材》2008.11.1

生命如舟，每个人都有自己的船，船上载着太多的诱惑、虚荣、功名和利禄，所以在生活中有太多的困惑和迷茫。要想自己有一个顺利的旅行，必须有所准备，该舍的舍，该取的取，轻装上路。今天得到了，明天也可能失去，所以对待生活就像对待人生一样，用一颗平常心去面对就可以了。

小说《庞城末日》里有这样一个情节：意大利庞培古城里有位名叫倪娜雅的卖花女。她自幼双目失明，但不自怨自艾，也没有垂头丧气地把自己关在家里，而是像常人一样靠自己的劳动自食其力。

不久，庞培城附近的维苏威大火山爆发，庞培城面临一次大地震，整座城市笼罩在浓烟和尘埃中，昏暗如无星的午夜，漆黑一片。惊慌失措的居民跌来碰去寻找出路却无法找到。倪娣雅本来看不见，但由于这些年走街串巷地在城里卖花，她的不幸这时反而成了幸运，她靠着自己的触觉和听觉找到了生路，而且还救了许多人。因为她可以不用眼睛看就能如常人一样行走，她的残疾已成为她的财富。

上帝是很公平的，命运在向倪娣雅关闭一道门的同时，又为她打开了一扇窗。世上的任何事都是多面的，人们看到的只是其中的一个侧面，这个侧面或许让人痛苦，但痛苦往往可以转化。有一个成语叫做"蚌病成珠"，这是对生活最贴切的比喻。蚌因身体上嵌入沙子，伤口的刺激使它不断分泌物质来疗伤，等到伤口复合后，旧伤处就出现一颗晶莹的珍珠。每粒珍珠都是由痛苦孕育而成的，任何不幸、失败与损失，都有可能成为我们有利的因素。因此，我们一定要把人生的得失看淡。

第四章

随和的人表现出贵而不显、富而不炫的内敛性格

俗话说得好，树大招风。如果一个人无所顾忌，锋芒毕露，太过惹眼，就会遭到别人的嫉妒，受到他人的怨恨。与人打交道，最忌讳的就是高高在上，不可一世，只有不张狂才能受人尊敬，默默耕耘才能有所收获。

低调做人，踏实做事

俗话说："种瓜得瓜，种豆得豆。"一个人种下什么，就会收获什么。种下坦诚，收获的就是坦诚。以诚感人、踏实勤奋，收获的就是事业上的成功。

李雯芳是一所名牌大学的毕业生，在校期间，她热情、活泼、干练、大方。她挑选了一家信誉较好、知名度较高的合资企业，并如愿以偿做了公司的文员。

李雯芳挑选合资企业是因为这样更容易实现自己的理想——将来要当个领导。她要在这里学习外国人先进的管理经验，同时也积攒点钱，为日后自己的发展打基础。因此，从底层做起的思想准备得很充分。她所在的办公室连她才三个人，一个是40多岁的汤姆，一个是与她年龄差不多的刘刚。汤姆是头，经常与领导外出谈生意。刘刚忙着永远也不见少的文件资料，每当电话铃声一响，刘刚总是朝李雯芳努努嘴，示意要她听电话，她手头的活再忙也得放下。要是有客户来，端茶递水也总是李雯芳干的活。至于业务上的事，无论李雯芳怎样态度谦恭地请教，汤姆和刘刚都只会装聋作哑，除了"是"或"不是"，绝不会多说半个字。

同仁间的冷漠是李雯芳最不理解的。如何适应一个冷漠的环境成了李雯芳的心病。她心里明白，这样的事情是每一个初入职场的人都会碰上的，所以尽量让自己放低姿态，用诚恳去打动别人。

李雯芳的行为体现了低调做人、踏实做事的原则。生命的延续是艰难的，为了生存，一个人必须辛勤地做事；为了发展和成长，必须努力面对挑战，设法解决许多难题。所以肯吃苦的人，不但精神生活充沛，物质回报也多。低调又踏实的人会健康有活力，前程乐观；反之，好逸恶劳的人会逐渐消沉、堕落。

低调做人、踏实做事，代表一个人肯为自己的生活负责，是一位肯担当、不敷衍塞责的务实者，他们肯在失败中寻找教训和经验，肯在顺境中打下更广的根基，更重要的是他们有一种锲而不舍的乐观和冲劲。当别人笑他们不懂得享受时，他们却暗暗地告诉自己：劳动本身就是一种享受。

幸福是从我们的劳动、做事中产生的，事业是幸福的最主要源泉。很多俗语形象生动地说明了幸福来自低调做人、踏实做事的真理。有歌词唱道：生活就像爬大山，生活就像趟大河。不管你是否愿意，生活总是不以人的意志为转移地将难题、困境推到你的面前，让你时常领略到爬山、趟河的滋味。

低调做人、踏实做事，可以贯穿整个人生的方方面面。有这样一个故事：

有一位厂长就职时向员工发表别出心裁的讲话："我来当厂长，我打心底里高兴！但厂长不好当，担子重啊！从现在起，我把这个厂给大家交个底儿，我不想干两件事就'捞一把'，所以我一定要和大伙儿一块干出个样子来。这就好比一根绳子上拴着两只蚂蚱，飞不了你们，也蹦不了我……"

这几句话平实、通俗，没有大道理，更没有表面的客套，只是想带领员工踏踏实实地干一番事业。显然，他能够赢得员工的信任，因此有许多人说："这个厂长挺实在……""厂长是个老实人，我们跟着实在的厂长干，叫人心里踏实……"

就是因为这位厂长的谦虚低调的态度，以及诚恳实在的话语，当着全厂职工第一次亮相就"得了高分"。他这次亮相前对说话的方式、内容、角度进行了周密的考虑，实实在在地讲出了自己上任时的心理活动及上任后的打算，从而达到了与职工交流的目的。

日本著名的推销员原一平说过："做人做生意都一样，第一要诀是踏实坦诚。踏实坦诚就像树木的根，如果没有根，那么树木也就没有生命了。"原一平自身的成功也证明了这一点。

原一平年轻时曾在一家机器公司当推销员。有一次，他在半个月内就和30位顾客做成了生意。不久，他却发现他现在所卖的这种机器比别家公司所生产的同样性能的机器价钱要贵。他想：如果客户知道了一定以为我在欺骗他们，会对我的信用产生怀疑。为了妥善解决问题，原一平便带着合约书和订单，逐个拜访客户，如实向客户说明情况，并请客户重新考虑选择。这种诚实的做法使每个客户都深受感动，结果30人中没有一个解除合约，反而成了更加忠实的消费者。

做生意的规律是，只要你的一个产品有问题，你的全部产品就都会受到怀疑。做人也是如此，比如你在说话过程中，只要你十句话中有一句是谎言，你的全部话语就都会受到质疑。

古今中外，凡是成就事业、对人类有所作为者，无一不是脚踏实地、辛苦工作的人。凡事都要脚踏实地地去做，不流于空想，不骛于虚声，以此态度求学，则真理可明；以此态度做事，则可功成业就。

低调是自我保护的手段

综观历史，看历代功臣，能够做到功盖天下而主不疑，位居人臣而众不妒，穷奢极欲而人不非，实在是少而又少。最重要的原因是他们不懂得低调做人，不明白放低姿态才是自我保护的最佳途径。深谙低调行事之道的人，不管位有多高，权有多重，周围有多少妒贤嫉能的人，都能在危机四伏的世界中为自己保留一席之地。

郭子仪是晚唐时期的重臣，他屡立战功，被封为汾阳王之后，王府建在长安。自从王府落成之后，每天都是府门大开，任凭人们自由进出。

有一天，郭子仪帐下的一名将官要调到外地任职，特地来王府辞行。他知道郭子仪府中百无禁忌，就一直走进内宅。恰巧他看见郭子仪的夫人和他的爱女两人正在梳妆打扮，而郭子仪正在一旁侍奉她们，她们一会儿要王爷递手巾，一会儿要他去端水，使唤王爷就好像使唤仆人一样。这位将官当时不敢讥笑，回去后，不免要把这情景讲给他的家人听。

于是一传十，十传百，没几天，整个京城的人们都把这件事当作茶余饭后的笑话来谈。

郭子仪的几个儿子听了觉得大丢父亲的面子，他们相约，一起来找父亲，要他下令像别的王府一样，关起大门，不让闲杂人等出入。

儿子跪在郭子仪的面前说："父亲您功业显赫，普天下的人都尊敬您，可是您自己却不尊敬自己，不管什么人，您都让他们随意出入内宅。孩儿们认为，即使商朝的贤相伊尹、汉朝的大将霍光也无法做到您这样。"

郭子仪收敛笑容，叫儿子们起来，语重心长地说："我敞开府门，任人进出，不是为了追求浮名虚誉，而是为了自保，为了保全我们的身家性命。"

儿子们一个个都十分惊讶，忙问这其中的道理。

郭子仪叹了口气，说道："你们光看到郭家显赫的地位和声势，没有看到这声势丧失的危险。我爵封汾阳王，没有更大的富贵可求了。月盈而蚀，盛极而衰，这是必然的道理。所以，人们常说急流勇退。可是，眼下朝廷尚要用我，怎肯让我归隐？可以说，我现在是进不得也退不得，在这种情况下，如果我们紧闭大门，不与外面来往，只要有一个人与我郭家结下仇怨，诬陷我们对朝廷怀有二心，就必然会有专门落井下石、妒害贤能的小人从中添油加醋，制造冤案。那时，我们郭家的九族老小都要死无葬身之地了。"

——摘自大田林泽高山茶的博客《繁花尽开花易落，得意之时莫忘形》2010.3.30

要懂得放低姿态以自我保护，这是一个真理。在社会日益激烈的竞争中，在越来越复杂的人际关系中，要想立于不败之地，除了加强自身修养、提高自身素质之外，还要注意处世方式，而且，低调做人还会让你得到意想不到的收获。

保罗是一个工厂的老板。有一次，生产线上有一个工人喝得酩酊大醉后来上班，吐得到处都是。厂里立刻发生了骚动：一个工人跑过去拿走他的酒瓶，领班又接着把他护送出去。

保罗在外面看到这个人昏昏沉沉地靠墙坐着，便把他扶进自己的汽车送他回家。这个员工的妻子吓坏了，保罗再三向她表示什么事都没有。"不！史蒂夫不知道。"她说，"老板不许工人在工作时喝酒。史蒂夫要失业了。"保罗当时告诉她："我就是老板，史蒂夫不会失业的。"

回到工厂，保罗对史蒂夫那一组的工人说："今天在这里发生的不愉快，你们要统统忘掉。史蒂夫明天回来，请你们好好对待他。长期以来他一直是个好工人，我们最好再给他一次机会。"

第二天，史蒂夫果真上班了。他酗酒的坏习惯也从此改过来了。

一年后，地区性工会总部派人到保罗的工厂协商有关本地的各种合同时，居然提出一些令人惊讶、不切实际的要求。这时，沉默寡言、脾气温和的史蒂夫立刻领头号召大家反对。他开始努力奔走，并提醒所有的同事说："我们从保罗先生那里获得的待遇向来很公平，用不着那些外来人告诉我们应该怎么做。"就这样，他们把那些外来的人打发走了，并且仍像往常一样和气地签订合同。

保罗的低调处理获得了成功，他给了史蒂夫一次机会，史蒂夫回馈了保罗一份事业上的"保险"。这就是低调做人的魅力。

要求得发展，首先应该保全自己，自我保护是立足于世的第一步。然而，很多人都不懂得自我保护，尤其是一些位高权重、才华横溢、富可敌国之人，被自身耀眼的光芒所迷惑，没有意识到这正是祸害的起始。

平易近人，不摆架子

为人处世高高在上，俯视众人，会失去朋友，受到大家的唾弃，进而远离你，众叛亲离；平易近人，不刚愎自用，才能得人心，得人心才能干大事。在人际交往中，人们更容易喜欢那些和善、平易的人，架子太大，傲慢自恃，必定会败得很凄惨。为人位尊而不自矜，权重而不自傲，名显不炫，功高不居，才会赢得众人的榜样，人心归向。

袁术，是司空袁逢的儿子，官至折冲校尉、虎贲中郎将。董卓进京，他逃到南阳。部将长沙太守孙坚杀掉南阳太守张咨，他便占据了南阳。

公元195年冬，献帝东出潼关，其护卫队伍被李傕、郭汜打败，袁术以为时机已到，便召集手下人商议，表示要做皇帝。他对手下众人说："现在刘氏天下很虚弱，海内鼎沸。我家世代做高官，得到老百姓的归附。我想应天顺民，称皇帝，不知诸君意下如何？"大家都不愿表态，只有主簿阎象认为时机不成熟。他说："过去周文王三分天下有其二，尚且服侍殷朝，将军势力虽然不小，显然不如周文王那样强盛，汉室虽然微弱，还未像殷纣王那样残暴，就更不应该取而代之了。"袁术听了，尽管心中不高兴，见手下人这么不热心，只好暂时作罢。

后来，袁术想取得一些人的支持，对前来投归的张承说："以我土地之广，士民之众，仿效汉高祖当皇帝不行吗？"张承说："这在于德，不在于强，如果有德，虽然开始实力不大，也可以兴霸王之功，如果凭借势力就称帝，不合时宜，就要失掉群众，想兴盛是不可能的。"

袁术心里很不高兴，心想，老部下江东孙策总该支持自己吧，不料孙策给他写信说："董卓贪残淫逸，骄奢横暴，擅自废立，天下的人都痛恨他，你怎能步他的后尘呢？"还说："你家五代都是朝廷名臣，辅佐汉室，荣誉恩宠，没有人能与之相比，理应效忠守节，报答王室，这是天下人所期望的。"袁术看罢，大失所望，还气得生了一场病。

由于追求皇帝骄奢淫逸的生活，袁术把富庶的淮南地区糟蹋得残破不堪。士兵不为他卖命，老百姓也不支持他，都纷纷逃走。左右部下也是离心离德，形成混乱状态。对此，曹操问袁术那边投过来的何夔说："听说袁术军中发生变乱，实有其事吗？"何夔回答说："袁术无信人顺天之实，而望天人之助，这是不可以得志于天下的。失道之主，亲戚都背叛他，何况是左右部下！依我看，这变乱是事实。"曹操说："为国失贤则亡，像你这样的有用之才，袁术都不善用，发生变乱，不是很正常的吗！"

第二年夏天，袁术实在混不下去了，便放火将宫室烧掉，带着一帮吃闲饭的人到徽山去投靠他的部下陈简、雷薄，不料遭到了拒绝。袁术手下的人散去的就更多了，他像一只丧家之犬，忧懑不知如何是好。最后，他想了一个办法，把"传国玺"让给在河北的袁绍，仍然可以由袁家来当皇帝，自己也有个安身之处。

曹操得知这一消息后，马上派刘备和朱灵去截击袁术。袁术一到下邳，没想到被拦住了去路。

袁术只得掉头返回淮南。逃到离寿春80里的江亭时，终于一病不起。身边已无粮食可吃，询问厨子，回说只剩有麦屑30斛。将麦屑做好端来，袁术却怎么也咽不下去。其时正当六月，烈日当空，天气酷热，袁术想喝一口蜜浆，却怎么也找不到。袁术坐在床上，独自叹息了许久，突然一声惊呼："我袁术怎么落到了这个地步啊！"

喊完倒伏床下，吐血而死。

袁术目中无人，刚愎自用，不听忠言，最终只落得个悲郁死去的下场。

孔子说："下交不渎。"与比自己低的人相交往，不要高傲怠慢，放不下架子，居高临下地发号施令，盛气凌人，人们必定会对他避而远之，朋友们也会越来越远离他。对别人态度傲慢的人，往往会看不到别人的长处，更看不见自己的短处，就这样夜郎自大下去，只会连一个朋友也交不到，如此下去连必要的合作共事都会有问题。千万不要以不恰当的态度对待朋友和身边的人，因为他们是重要的伙伴和力量，如果连他们也失去了，那就真的什么也没有了。

日本某矿业公司的总裁性格急躁冲动，工作急于求成，与员工之间不善言词，以致被职员们认为是一个不讲人情的上司，年轻的职员和矿工们对他更是敬而远之。他在矿里一度很被动，工作难以开展。

有一次，在工厂召开现场会，全公司的头面人物都出席了。会上大家都为本年度取得的好成绩而高兴，于是，公司总裁的秘书小姐提议让大家在高度欢乐中散会。她想出一个办法，把一个分公司的副经理抛到喷泉的池子中去，以此使得大家的欢乐情绪达到高潮，总裁同意这位小姐的提议，就和这位董事长打招呼，董事长表示这样做不妥，决定由他自己——公司最高管理者，在水池中来一个旱鸭子游水。

董事长转向大家说："我宣布大会最后一个项目就是秘书小姐的建议：她叫我在泉水池中来一个旱鸭子戏水，我同意了，请各位先生注意了，我就此做表演。"于是他跳入泉水池中，游起泳来，引得参加会议的几百人哄堂大笑……

事后，总裁问他："那天你为什么亲自跳下水池，而不叫副经理下去呢？"

董事长回答说："让那些职位低的人出洋相，以博得众人的取笑，而职位高的人却高高在上，端着一副架子，使人敬畏，那是最不得人心的了。"

董事长这些话唤醒了总裁。此后，总裁也跟董事长一样注意与部下平等相处了。

——摘自豆丁网《放下架子有利于公司的开展》

　　故事中的董事长，是一个有地位、有成就的领导，本可以高高在上，但他却放下架子亲自跳下水池。不得不说，这是一种提高亲和力，拉近与下属距离，并赢得他们尊重的好方法。然而，放下架子，不是嘴上说说就可以的，要从内心真正地放下。表面上放下架子的人，在与人相处时，给人以不真实、虚伪的感觉。只有真正放下自高自大的心理的人，才能真正地谦和起来。这才是最值得我们学习的地方。

张扬只会让你自食苦果

张扬的人是明哲之士所轻视的，愚蠢之人所艳羡的，谄佞之徒所奉承的，同时他们也是自己所夸耀的言语的"奴隶"。

一次，儿童文学家盖达尔带着5岁的小女儿珍妮，给夏令营的小朋友讲故事。盖达尔要为小朋友们讲的是小朋友们期待听的童话故事《一块石头》。

大礼堂里，孩子们正聚精会神地听盖达尔讲故事，除了盖达尔的声音，整个礼堂静得连针掉在地上都可以听到。这时，小珍妮却旁若无人地在礼堂里走来走去，偶尔还故意使劲踩踩脚，发出惹人烦的声响，踩完脚后还露出得意的神情，她的举动仿佛在告诉小朋友："你们看，我是盖达尔的女儿！你们一个个都在听我爸爸讲故事，这些故事我每天都能听到！"

盖达尔看到女儿的行为，停止了讲故事，他突然提高嗓音，严肃大声地说："那个猖狂的小家伙是谁？请你们把那个不守秩序的小家伙撵出去！她妨碍了大家安静地听故事。"

小珍妮一下子愣住了，她没有想到自己亲爱的爸爸竟然这样说她，她连哭带喊赖着不走，想让爸爸心软，但盖达尔不为所动，坚决要求工作人员把珍妮拉出会场。

之后，盖达尔又继续给孩子们讲故事，故事讲完时，孩子们对盖达尔报以热烈的掌声。

——摘自《学会选择的50个细节 懂得放弃的50个密码》

作者：刘亚红 金城出版社 2012.1.1

盖达尔给孩子们讲的不仅是一个有趣的故事，还通过对小珍妮的惩罚，给孩子们上了生动的一课：无论是谁，都不应以优越骄纵，过于张扬。

有功者往往居功自傲，盛气凌人，贪权恋势，殊不知杀身之祸多由此而起。十分功绩，若夸耀吹嘘，则仅剩七分，如果凭着功劳而骄傲自大，目中无人，甚至仗势欺人，那么功绩自然又减三分。自明者不管功劳如何卓著，都懂得谦虚谨慎，面对人生荣辱得失，以平常心态视之，当抽身时须抽身。功成而身退，则可垂名万世，若争功夺名，贪爵恋财，忘乎所以，居功自傲，必将招致祸害，最终身败名裂。

清朝名将年羹尧，自幼读书，颇有才识，他康熙三十九年中进士，不久授职翰林院检讨，但是他后来却建功沙场，以武功著称。这位显赫一时的大将军多次参与平定西北地区武装叛乱，曾经屡立战功、威镇西陲。1723年青海叛乱，他官拜抚远大将军，领兵征剿，只用一个冬天，就迫使叛军10万人投降，叛军首领罗卜藏丹津逃往柴达木。

因为他的卓越才干和英勇气概，年羹尧备受康熙和雍正的赏识，成为清代两朝重臣。康熙在位时，就经常对他破格提拔，到了雍正即位之后，年羹尧更是备受倚重，和隆科多并称雍正的左膀右臂，成为雍正在外省的主要心腹大臣，被晋升为一等公。年羹尧不仅在涉及西部的一切问题上大权独揽，而且还一直奉命直接参与朝政。雍正对年羹尧的宠信到了无以复加的地步。此时的年羹尧，真是志得意满，完全处于一种被恩宠的自我陶醉中。

年羹尧自恃功高，做出了许多超越本分的事情，骄横跋扈之风日甚一日。他在官场往来中趾高气扬、气势凌人。他赠送给属下官员物件的时候，令他们向着北边叩头谢恩，在古代，只有皇帝能这样；发给总督、将军的文书，本来是属于平级之间的公文，而他却擅称"令谕"，把同级官员视为下属；甚至蒙古扎萨克郡王额附阿宝见他，也要行跪拜礼。这些都是不合乎朝廷礼仪的越位举动。

对于朝廷派来的御前侍卫，理应尊敬优待，年羹尧却把他们留在身边当作一般的奴仆使用。按照清代的制度，凡上谕到达地方，地方人员必须行三跪九叩大礼迎诏，跪请圣安，但雍正的恩诏两次到西宁，年羹尧竟然不行礼而宣读圣谕。

有一次打仗归来，年羹尧进京拜见雍正，在赴京途中，他令都统范时捷、直隶总督李维钧等跪道迎送。到京时，黄缰紫骝，郊迎的王公以下官员跪接，年羹尧却安然坐在马上，连看都不看一眼。王公大臣下马问候，他也只是点点头而已。更有甚者，在雍正面前，他的态度竟也十分骄横，不遵循大臣应守的礼仪，让雍正非常不高兴。

年羹尧陪同雍正皇帝在京城郊外阅兵，雍正对士兵们说："大家辛苦了，可以席地而坐。"连下了三道圣谕都没有一个人动，直到年羹尧说："皇上让大家席地休息。"这时全体士兵才整齐地坐下，盔甲着地声震动山野。雍正觉得很奇怪，年羹尧解释说，将士们长期在外打仗，只知道有将军，哪知道有皇帝？这本身虽然说明年羹尧治军有方，但年羹尧本来就功高震主，飞扬跋扈，雍正早已产生疑惧。

年羹尧不仅凭着雍正的恩宠而擅作威福，还结党营私，培植私人势力，每有肥缺美差必定安插他的亲信。此外，他还借用兵之机，虚冒军功，使其未出籍的家奴桑成鼎、魏之耀分别当上了直隶道员和署理副将的官职。

年羹尧的所作所为引起了雍正的警觉和极度不满。年羹尧职高权重，又妄自尊大、违法乱纪、不守臣道，招来群臣的嫉恨和皇帝的猜疑是不可避免的。雍正是自尊心很强的人，又很喜欢表现自己。年羹尧功高震主，居功擅权，使皇帝落个受人支配的恶名，这是雍正所不能容忍的，也是雍正最痛恨的。于是几次暗示年羹尧收敛锋芒，遵守臣道，但年羹尧似乎并没放在心上，依旧我行我素。

不久之后，风云骤变，弹劾年羹尧的奏章连篇累牍，最后被雍正帝削官夺爵，列大罪92条，赐自尽。一个曾经叱咤风云的大将军最终命赴黄泉，家破人亡，如此下场实在是令人叹惋。

——摘自《做人靠德 做事凭智》作者：闫成柏编著 中国华侨出版社 2012.7

"福兮祸之所伏"，世间万事万物都处在一个矛盾的统一体中，荣耀或许就是祸害的开始。无论何时都应该保持谦虚谨慎、低调行事的作风，不飞扬跋扈，不居功自傲，以一颗平常心态看待人生荣誉，才能以不变之心应万变。

谦虚谨慎是成功人士必备的品质，它能使一个人面对成功、荣誉时不骄傲，把它视为一种激励自己继续前进的力量，而不会陷在荣誉和成功的喜悦中不能自拔，把荣誉当成包袱背起来，沾沾自喜于一得之功，故步自封，更不会因为功绩而妄自尊大，高高在上，盛气凌人，从而避免了因成功而带来的祸害。

得势的时候要不时地提醒自己"福兮祸之所伏"，慎言慎行，宽容礼让，才能保持其成功长盛不衰，即便从顺境陷入逆境，也能做到不惊不诧，应付自如。

低头行事，让你通畅无阻

民间有句谚语："低头的是稻穗，昂头的是稗子。"意思是说，稻穗越成熟果实越饱满，头便垂得越低；而稗子总是整天抬高头颅，显示自己。人生一辈子，当肩上承担的负荷重得让人喘不过气来的时候，就要学会低头。

富兰克林年轻时才华横溢，但同时也很骄傲轻狂。有一天，富兰克林去拜访一位长者。到长者住所时，他准备昂首阔步地进门，但是因为房门太小了，他的头被门框狠狠地撞了一下，奇痛无比。

出门迎接的前辈看着他这副样子，笑笑说："很痛吧？可是，这将是你此行的最大收获。一个人想立足于世间，想要过得平安顺利，就得常常低头，放下身段。记得要吸取这个痛的教训，这也是我要教给你的道理。"

富兰克林猛然醒悟，并且找到了自己许多社交失败的真正原因。从此，时时刻刻不忘低头成为富兰克林一生的生活准则之一，他从此改掉了骄傲的毛病，决心做一个谦逊的人。也就是因为具有了这一美德，他得到了人们的广泛支持，在事业上取得了巨大成功，成为了美国开国元勋之一。

趾高气扬、咄咄逼人的态度很容易使对方产生反感的情绪，从而使自己陷入被动。当你想进入一扇门，就须低头比门框矮；要想登上成功的顶峰，就得弯腰做好攀登的准备。如果行事能低头，那么事情就会变得更顺畅。

同样的启发，孟买佛学院也极力广泛地传播了这一点。

孟买佛学院是印度最著名的佛学院之一。这所佛学院之所以著名，除了它的建院历史悠久，培养出了许多著名的学者之外，还有一个特点是其他佛学院所没有的。这是一个极其微小的细节，但是所有到过这里的人，当他再从佛学院出来的时候，几乎无一例外地承认，这个细节使他顿悟人生，也让他受益无穷。

原来，孟买佛学院在它的正门一侧，又开了一个小门。这个小门只有一米半高，一个成年人要想过去就必须低下头，否则，就只能碰头了。这是孟买佛学院给学生们上的第一堂课。所有新来的人，教师都会引导他从这个小门进出一次。很显然，所有的人都是低头弯腰进出的，尽管有失礼仪和风度，但是却可以使人有所领悟。教师说，大门出入当然方便，而且能够让一个人很体面、很有风度地出入。但是，有很多时候，我们要出入的地方并不是有着壮观的大门。这个时候，只有那些暂时放下尊贵和体面的人才能够出入。否则，很多时候，如果不会屈身，就只能被挡在院墙之外。

——摘自《散文百家》2004年14期《弯腰的哲学》作者：鲁先圣

大海之所以能够汇合最多的水，是因为它所处的位置最低。低处，并不是看不到光明；低处，不是没有成功的希望。反之，低处是考验，是功到自然成；低处是锻炼，顽铁百炼可成钢。

秦汉时期，匈奴冒顿杀死了自己的父亲，顺利地登上了单于的宝座。东胡当时强盛，派使者对冒顿说，希望能得到头曼单于生前的一匹千里马。冒顿召集了身边的各路大臣商量此事，大臣们一致认为不能把千里马给他们，这可是匈奴的宝马。冒顿不然，说怎么能和人家做邻居却舍不得一匹马呢？而后便把千里马送给了东胡。

东胡人以为冒顿害怕自己，一段时间过后，便又派使者前去对冒顿要求献上一名妻子。冒顿而后召来大臣商量，说了这件事，愤怒的大臣们说"东胡得寸进尺，竟敢索要阏氏，请您允许我们率兵讨伐他们"。冒顿却说："怎么能和人家做邻居而吝惜一个女人呢？"结果把阏氏送给了东胡。

狂妄的东胡以为冒顿害怕他们，竟向西发动侵略。在匈奴和东胡之间有一片荒芜地带，没有人居住，两国本来都各自在自己的边缘地带设立守望哨所，东胡想要独自霸占它。而后东胡派使者对冒顿说，边界哨所相接壤的荒弃地区，匈奴人不能到达那里，所以想要拥有它。

冒顿与大臣们商量，有大臣说这块地方没有多大用处，让给他们也没有关系。这却惹怒了冒顿，便生气地说道："土地是一国之本，怎么可以随便送人呢！"之后便把凡是主张将土地让给东胡的人全部杀掉了。然后自己骑上战马率军攻打东胡，并命令后退者斩。由于东胡过于骄傲而没有多加防备，冒顿率兵直奔东胡时，东胡很快就被击溃了，就这样冒顿很顺利地打败东胡军队，杀死东胡王，掠走了东胡的百姓和牲畜。

所以说，有时稍微低一下头，或许我们的人生路途会走得更精彩。在浩瀚的社会中，每个人都是凡夫俗子，都是那么的渺小。若一个有志青年把奋斗目标看得更高时，那么千万要在生活中保持低调，把自己看轻些，把别人看重些。

低头是一种能力，它不是自卑，也不是怯弱，它是清醒中的一种改变经营。一次善意的低头，其实是一种难得的境界。现实生活中，自认怀才不遇的人，往往看不到别人的优秀；愤世嫉俗的人，往往看不到世界的美好，所以只有敢于低头并不断否定自己的人，才能够不断吸取教训，才会为别人的成功而欣喜，为自己的善解人意而自得，才会在挫折面前心安理得。

适当照顾一下别人的虚荣心

人人都有虚荣心，低调的人会适当地满足别人的虚荣心，让别人对他心存感激。

美国著名人际交往专家戴尔·卡耐基在其《美好人生》一书中，讲述了他的一段经历：卡耐基步行一分钟，就可以到达森林公园。他常常带着它的小猎狗到公园散步。因为他们在公园里很少碰到人，又因为这条狗友善而不伤人，所以卡耐基常常不替小猎狗系狗链或戴口罩。

有一天，他们在公园遇见一位警察。警察严厉地说："你为什么让你的狗跑来跑去而不给它系上链子或戴上口罩？你难道不晓得这是违法的吗？"

"是的，我晓得。"卡耐基低声地说，"不过，我认为它不至于在这儿咬人。"

"你不认为！你不认为！法律是不管你怎么认为的。它可能在这里咬死松鼠或咬伤小孩。这次我不追究，假如下次再被我碰上，你就必须跟法官解释了。"

卡耐基的确照办了。可是，他的小猎狗不喜欢戴口罩，他也不喜欢它那样。一天下午，他正和他的小猎狗在一座小山坡上赛跑时，他看到了那位警察大人正骑着一匹棕色的马过来。

卡耐基想，这下完了！他决定不等警察开口就赔罪。他说："先生，这下您当场逮到我了。我有罪。您上星期警告过我，若是再带小狗出来而不替它戴口罩，您就要罚我。"

"好说，好说。"警察回答的声调意外地很柔和，"我晓得在没有人的时候，谁都会忍不住要带这样一条小狗出来溜达。"

"的确忍不住。"卡耐基说道，"但这是违法的。"

"哦，你大概把事情看得太严重了。"警察说，"我们这样吧，你只要带它跑过小山，到我看不到的地方，事情就算了。"

那位警察也是一个人，他要的是一种重要人物的感觉，而卡耐基的行为正好满足了他的虚荣心。

——摘自sean的博客《主动承认错误的故事》2010.11.25

在日常生活中，我们经常发现这样的人，他虽然思路敏捷，口若悬河，但一说话就让人感到狂妄，因此别人很难接受他的任何观点或建议。这种人喜欢表现自己，总想让别人知道自己很有能力，处处显示自己的优越感。还以为这样能获得他人的敬佩和认可，结果却往往适得其反。而从不自己夸耀自己，去适当地满足他人虚荣心的人，却能赢得更多的朋友和更多的尊重。

有一位女士，她的女儿从牛津大学毕业回国之后，在德国一家金融机构任职，每月数万欧元薪水。这位女士非常自豪。面对亲朋好友时，她言必称女儿的风光，语必道女儿的薪水。慢慢地，她发现亲朋好友都在疏远她，不愿和她交往、聊天。她非常痛苦。女儿知道这种情况后，就极力劝导母亲，说总夸自己的女儿，突出自家好，人家会有什么感受，当然不会理你了。

女儿的话在情在理。在叙述自我时，要防止大谈自己的得意之事，过分突出自己，切勿使其他人心理失衡，产生不快，以至影响了相互之间的关系。

得意之事少谈，才会受人欢迎。完全不谈得意之事是不现实的，但我们可以少谈，或者先让别人说，你再穿插自己的得意之事，这样双方心理才不会失去平衡，友谊也会更加深厚。一句话，让别人有骄傲的机会，不要把风光占尽。这样的话，在交际中才能左右逢源，得心应手。

某公司承包了一项建筑工程，预定于一个特定日期之前，在纽约建立一幢庞大的办公大厦。一切都照原定计划进行得很顺利。大厦接近完成阶段，突然，负责供应大厦内部装饰用铜器的承包商宣称，他无法如期交货。这样的话，整幢大厦都不能如期交工，公司将承受巨额罚金。

长途电话、争执、不愉快的会谈，全都没效果。于是麦克先生奉命前往纽约，当面说服铜器承包商。他没有直奔主题，而是先做了一件准备工作。

"你知道吗？在布鲁克林区，有你这个姓名的，只有你一个人。"麦克先生走进那家公司董事长的办公室之后，立刻就这么说。

董事长很吃惊："不，我并不知道。"

"哦，"麦克先生说，"今天早上，我下了火车之后，就查阅电话簿找你的地址，在布鲁克林的电话簿上，有你这个姓的，只有你一人。"

"我一直不知道。"董事长说。他很有兴趣地查阅电话簿。"嗯，这是一个很不平常的姓，"他骄傲地说，"我这个家族从荷兰移居纽约，几乎有200年了。"一连好几分钟，他继续说到他的家族及祖先。当他说完之后，麦克先生就恭维他拥有一家很大的工厂，麦克先生说他以前也拜访过许多同一性质的工厂，但跟他这家工厂比起来就差得太多了。

"我花了一生的心血建立这个事业，"董事长说，"我对它感到十分骄傲。你愿不愿意到工厂各处去参观一下？"

在这段参观活动中，麦克先生恭维他的组织制度健全，并告诉他为什么他的工厂看起来比其他的竞争者高级，以及好处在什么地方。麦克先生还对一些不寻常的机器表示赞赏。这位董事长花了不少时间向麦克先生说明那些机器如何操作，以及它们的工作效率多么良好。他坚持请麦克先生吃午饭。

吃完午饭后，董事长说："现在，我们谈谈正事吧。自然，我知道你这次来的目的。我没有想到我们的相会竟是如此愉快。你可以带着我的保证回到费城去。我保证你们所有的材料都将如期运到，即使其他的生意都会因此延误也不在乎。"

麦克先生甚至未开口要求，就得到了他想要的所有东西。那些器材及时运到，大厦就在契约期限届满的那一天完工了。

——摘自道客巴巴网《真实的，才是人们喜欢的》

任何事情，都不要妄加断言，更不要随便打听，尤其是别人隐私方面的事情。如果对方自己得意扬扬，他会迫不及待地告诉你的。如果人家迟迟没有开口，就最好知趣点，赶紧扯开话题，照顾一下别人的虚荣心。泰戈尔说："当我们大为谦卑的时候，便是我们最接近伟大的时候。"

法国哲学家罗西法古说："如果你要得到仇人，就表现得比你的朋友优越吧；如果你要得到朋友，就要让你的朋友表现得比你优越。"

这句话真是没错。因为当我们的朋友表现得比我们优越时，他们就有了一种重要人物的感觉，但是当我们表现得比他们优越时，他们就会产生一种自卑感，造成羡慕或嫉妒。低调者早已认识到了这一点，他们总是把优越感让给别人，满足别人的虚荣心。

自自然然，给足面子

人人都有自尊心，伤害了别人的自尊，他会将之视为"奇耻大辱"，会一直耿耿于怀，随时找机会进行报复。低调的人处理问题，会把别人的自尊、面子放在第一位，然后再设法将事情导向好的方面。他们在一般人际交际中不会去伤害别人的自尊，也使自己减少很多不必要的损害。

光绪六年，慈禧太后染上奇病，御医天天进诊，却未见好转。朝中尤为焦急，遂下诏各省督抚保荐良医。两江总监督刘坤举荐江南有"神医"之名的马培之进京宫诊。马培之家乡孟河镇的人无不为马氏奉旨上京而感到自豪，可是年逾花甲的马培之却是欢喜不起来。他自忖：京城名医如云，慈禧太后所患之病恐非平常之病，否则断不会下诏征医；既然下诏征医，此去要是不顺，只怕会毁了悬壶多年所得的盛誉，还可能会赔上老命。

马培之千里跋涉抵达京都，先开始打探慈禧太后的病况。关于慈禧太后之病传说纷纭，有人传是"月经不调"，有人说是"血证"，还有一些离奇的传说。马培之拜会了太医院的御医，先做打探，却不得要领，心中不禁十分焦急。后又连日访问同乡亲友，最后得知一位经商的同乡认识宫中的一位太监，请这位太监向慈禧太后的近侍打听慈禧太后患病的真实起因以及有关宫闱之秘。果然，从这条黄门捷径传出了消息，马培之大吃一惊：慈禧太后之病乃是小产的后遗症。

慈禧太后早已寡居多年，何能小产？马培之吃惊之余，心中已明白了大半。

接下来，就是要善做"面子"工作。最关键的是这种"涂脂抹粉"一定要自然，不留痕迹。

一天，马培之在太监的带引下，终于来到了侍卫森严的体元殿。只见40多岁的慈禧太后，脸上虽然抹了很厚的脂粉，却难掩那血亏的面色。慈禧太后先询问马培之年庚、籍贯以及行医经历的一些细节。然后由太医介绍圣体病况：当时在场的有京外名医汪守正和薛福辰等人，于是由薛、汪、马三医依次为慈禧太后跪诊切脉。诊毕，三位名医又自开方立案，再呈慈禧太后。只见慈禧太后看着薛的方案沉吟不语，再阅汪的方案面色凝重，此时三大名医，无不沁出冷汗。但当慈禧太后看了马的方案后，神情渐转祥和，金口出言："马培之方案甚佳，抄送军机处及亲王府诸大臣"。众人听罢，心中的石头落地，而马培之更是欢喜。马培之对慈禧太后的病因已心中有数，再切其脉，完全暗含产后血症。马培之对其方案上却只字未敢言及，只作心脾两虚论治。而在药方上却是明栈暗度，用不少调经活血之药，正中慈禧太后下怀。慈禧太后本来对医药就素有了解，见马培之方案甚合己意，因为医生开的药方要抄送朝中大臣，所以必须能治好病，又可遮私丑，马培之的药方正符合这两种要求。另两位名医薛、汪的方案虽然切中病机，脉案明了，在医术上无可挑剔，但因为无法保全慈禧太后的面子，所以不中"老佛爷"的心意。

后来，慈禧服用了马培之开的药，奇病渐愈。马培之本人也深得慈禧信任。但是无论是在京还是返归故里，马培之对慈禧的病始终守口如瓶。

——摘自中华文本库网《识破别点破，面子上好过》

马培之的聪明在于他懂得顾全别人的面子，也因此保住了自己的性命。懂得顾全别人的面子是帮助了别人，也是帮助了自己，它是一种做人的智慧，也是一种为人的修养。

在广州的一家著名酒店，一位外宾吃完最后一道菜，顺手就把精美的景泰蓝筷子悄悄插进了自己西装内侧的口袋里。这一幕被服务小姐看到了，她不动声色地迎上前去，双手捧着一只装有一双景泰蓝筷子的小盒子，对这位外宾说："我发现先生在用餐时，对我国景泰蓝筷子爱不释手，非常感谢你对这种精细工艺品的赏识。为了表达我们的感激之情，经餐厅主管批准，我代表酒店，将这双图案最为精美，并经过严格消毒的景泰蓝筷子送给你，并按照酒店的'优惠价格'记在你的账上，你看好吗？"这位外宾自然听出了服务小姐的弦外之音，在表示了一番谢意后，说自己多喝了两杯，头脑有点发晕，误将筷子插入了口袋。然后，外宾借此下"台阶"，说："既然这种筷子没有消毒就不好使用，我就'以旧换新'吧！"说着，取出内衣口袋里的筷子，恭恭敬敬地放回桌上。

人就是这样，你越是尊重他，给他面子，他就会表现出令人尊重的优秀的一面；如果你不给他面子，让他在众人面前显示出不光彩的一面，那他就有可能真的做出不光彩的事来。

作家冯骥才在美国访问时，一位美国朋友带着儿子去看他。他们谈话间，那位壮如牛犊的孩子，爬上了冯骥才的床，站在上面拼命蹦跳。如果直截了当地请他下来，势必会使其父产生歉意，很没面子。于是，冯骥才便说了一句幽默的话："请你的儿子回到地球上来吧！"那位朋友说："好，我和他商量商量。"结果，冯骥才既达到了目的，又巧妙地给了朋友面子。

人性很奇妙，可以吃闷亏，也可以吃明亏，但就是不能"丢面子"。而年轻人常犯的毛病是，自以为见解精辟，逮到机会就大发宏论，把别人批评得脸一阵红一阵白，图自己一时之快。却不知这种举动已为自己的祸端铺了路，而那些老于世故的人，宁可高帽子一顶顶地送，也不轻易在公开场合说一句批评别人的话。你照顾别人面子，别人也会如法炮制，给足你面子，彼此心照不宣，尽兴而散。

稳稳当当，才能真正求得富贵

一些人提到求取富贵，就失去了平常心。他们相信"人有多大胆，地有多大产"，相信"富贵险中求"，到了最后，这些人往往因此而前途尽毁、血本无归。钱财动人心，但要想争气、要想成功，你就必须在诱惑面前保持平和的心态，凡事求稳，铤而走险的事绝对不能做。

1951年，刘永好出生于四川新津县，小时候的家里非常贫穷，以至于在他20岁之前，竟没穿过鞋子。对于刘氏兄弟的发迹，以讹传讹的较多，最离奇的莫过于四兄弟齐刷刷扔掉铁饭碗了。其实，四兄弟是陆续辞掉公职的，而刘永好直到1987年才正式辞职，这正反映了他谨慎而又胆大的性格。这种性格也使刘氏兄弟在创业初期的几次转型中能够一步一个脚印，稳打稳扎地获得成功，开创出自己的一片天地。

一天，有一位朋友对刘永好讲了一番话："1990年我叫你去海南你不去。那时候我的钱比你少很多，但现在也跟你差不了多少了。要是你去，会赚得更多。"

刘永好被他的现身说法给打动了，立即派人前往海南注册了一家公司，买下了一所小房子。他甚至还为此专门到海南走了一趟。然而这个朋友觉得这样搞不够力度，就不断地给刘永好打报告，说是"假如你投入1000万元，到年末时就会是4000万元"。刘永好感到不解：不管怎么说，房子总得一砖一瓦盖起来吧，哪会来得这么快？他们到底是怎么做的？朋友不无得意地向他传授秘诀：首先去买一块地皮，然后把它卖掉，然后又是跟谁合作，再怎样怎样。总之是把100元钱买来的东西最终卖了1000元，当然就赚钱了嘛！

刘永好总算明白了：嘿！这不就是"击鼓传花"么？无论这鼓敲得多响，这花传得多快，最后总是会停下来的，到时候那花落在谁手上谁就倒霉。他立即做出决定："这事就到此为止。"公司注销了，投资的钱也撤了回来。

谨慎，不贪图侥幸之财的经营之道，让刘永好避免陷入不久之后即铺天盖地席卷而来的那场地产泡沫破灭的黑色灾难。"我们选择了放弃，因为当时我们认为，我们的基础还很薄弱，我们要做的事情就是好好地把饲料做到行业前列，把我们的基础夯实。"刘永好这样说。

不久，希望集团走出四川，先后在上海、江西、安徽、云南、内蒙古等二十几个省、市、自治区开展与国有、集体、外资企业的广泛合作，迅速开拓了全国市场。

1997年，成都的房地产业刚刚完成了第一轮开发的积累，开始对已有的产品进行检点与反省，预示着房地产开发下一个高潮到来之际将进入由卖方市场向买方市场转变的"微利"时代。

正在此时，刘永好又一次动了涉足房地产之念。"在最高潮，大家认为最好的时候，我们反而没有做，当然，没有挣钱也没有被套，我们抓住谷底攀升的时机，我们还要随着曲线上升。"当别人开始纷纷感到房地产这碗饭是越来越难吃了的时候，刘永好却意识到机会的存在。他认为房地产业正处在一个逐步上升的区间。刘永好把新希望房地产开发从一开始就放到了高起点、大规模的平台上。锦官新城作为新希望房地产的开山之作，一问世，首期开盘三天之内销售1.4亿元，创造了成都房地产奇迹。

2000年11月，民生银行上市，刘氏兄弟分别以四川新希望农业股份有限公司和四川南方希望有限公司名义拥有民生银行股份2.03亿股，占民生银行总股的12%。2000年，美国《福布斯》评定刘永好、刘永行兄弟财产为10亿美元，列中国内地50名富豪第二位。一位赤着脚走路的中国知识分子，用他的精明踩出了一条亿万黄金路。

一个亿万富翁，他的生活该是怎样的？刘永好回答得很简单：他觉得一个人童年养成的习惯很难改变，他一直喜欢吃老三样：麻婆豆腐、辣椒和回锅肉。刘永好坦言，自己不会跳舞，也不打高尔夫球。

刘永好心目中有一个榜样，那就是李嘉诚。刘永好认真地研究过李嘉诚。他认为李先生原来是做塑料花的，如果一直做下去，相信他会成为全世界塑料花最大的销售商，但他不会是超人。现在李嘉诚在适当的时候把握住房地产的机会，成为房地产的超级巨子；又在适当的时候把握住机遇，成为港口、货柜、码头方面的巨子；又把握机会成为信息产业方面的巨子。他时时把握机会，不断调整方向，进行创新，变中有稳，求得稳步发展，从而奠定了超人的地位。

——摘自《今日东方》杂志《赤脚首富刘永好》作者：陈小凡 2003.10.30

如果说，社会像一个大舞台，人生就像一出多姿多彩的戏剧，那么我们每一个人都要参与排演。其中最为吸引人的，当然就是那些站在前台的演员，他们的一颦一笑都能牵动众人的目光，几乎所有的人都渴望得到这种站在前台的光辉，认为这才是值得追求的，但是很少有人会认真思考一下，站在前台，在很多情况下会意味着什么。

孟贲是秦武王手下的一名勇士，此人原是齐国人，勇力过人。据说有一次他在野外看见两头牛正在相斗，他上前去用手把两头牛分开来。其中一头牛听劝，伏在地上不斗了，另外一头牛还要打。他大为恼火，左手按住牛头，右手把牛角活生生地拔了出来，这头牛当场毙命。

后来他听说秦武王正在招纳天下勇武之人，于是离开齐国去投奔秦国。这秦武王原也是个勇猛的人，重武好战，常以斗力为乐，凡是勇力过人者，他都提拔为将，置于身边。见了孟贲自然另眼相看，很快就任命他为大将，与他手下的另外两名勇将乌获和任鄙享受一样的待遇。孟贲也以自己的勇力而自豪。

公元前306年，秦武王采纳了左丞相甘茂的计策，与魏国建立了秦魏共伐韩国的联盟，而后用计攻占了赵国的军事要地宜阳。秦军占领宜阳后，周都洛阳门户洞开。秦武王大喜，亲自率领任鄙、孟贲等精兵强将要进入洛阳。周天子此时无力抵抗，只好打开城门，迎接秦武王进城。

秦武王率兵进入洛阳后，直奔周室太庙，去观看九鼎，这九个鼎本是当年大禹收取天下九州的贡金（铜）铸成，每个鼎代表一州，共有荆、梁、雍、豫、徐、青、扬、兖、冀九州，上刻本州山川人物、土地贡赋之数，是周朝天命所在的象征。秦武王见了九鼎，大喜过望。当然，他不是喜欢这些铜块，而是垂涎那九鼎所象征的统御天下的权力，这也是秦国历代君主的梦想。秦武王绕着九鼎逐个观看，看到雍州（代表秦国）鼎时，对随行的群臣说："这鼎有人举起过吗？"

守鼎人赶忙回答："自从先圣大禹铸成此鼎以来，没有听说也没有见过有人能举起此鼎。这鼎少说也有千斤重，谁能举得起呀！"秦武王听了，撇了撇嘴，回头问任鄙和孟贲："你们两个，能举起来吗？"任鄙为人向来低调，他知道他的这位主子秦武王自恃勇力惊人，十分好胜，平时就经常和手下的大将斗力，如果此时自己出来举鼎，当着这么多人的面，抢了主子的风头，不会有好果子吃。再说，一旦秦武王真的去举鼎了，万一出了差错，自己就是长了九个脑袋也担不起这个责任，于是婉言道，"臣不才，只能举起百斤重的东西。这鼎重千斤，臣不能胜任。"

任鄙这一低调，孟贲心中暗喜，认为表现的机会来了。于是伸出两臂走到鼎前，对秦武王说道："让臣举举看，若举不起来，大王不要怪罪。"说罢，紧束腰带，挽起双袖，手抓两个鼎耳，大喝一声："起！"只见那鼎离地面半尺高，就重重地落下，孟贲顿时感到一阵晕眩，站立不稳，差点一屁股坐在地上，还好被左右拉住。秦武王看了，禁不住发笑："卿能把鼎举高地面，寡人难道还不如你吗？"任鄙见秦武王要去举鼎，赶紧上前劝道："大王乃万乘之躯，不要轻易试力。"秦武王本来就好与人比力，此时哪里听得进去，卸下锦袍玉带，束紧腰带，大踏步上前。任鄙拉着秦武王苦苦相劝，秦武王生气地说："你不能举，还不愿意寡人举吗？"任鄙不敢再劝，只好退到一旁。秦武王伸手抓住鼎耳，深吸一口气，丹田用力，大喊一声："起！"鼎被举起半尺，周围一片叫好之声。秦武王得意扬扬，心想："孟贲只能举起地面，我举起后要移动几步，才能显出高下"。秦武王接着移动左脚，不料右脚独木难支，身子一歪，千斤重的大鼎落地，正好砸到右脚上，秦武王惨叫一声，倒在地上。众人慌忙上前，把鼎搬开，只见秦武王右脚已被压碎，鲜血流了一滩。等到太医赶来，秦武王已不省人事，晚上，秦武王气绝身亡了。

　　周天子闻报，心中又惊又喜，喜的是这个骄横跋扈的秦武王自找死路，惊的是万一秦国以此为借口兴兵讨伐，自己王位就不保了，赶紧亲自前往吊唁，然后派人把秦武王的灵柩送回咸阳。之后，秦武王异母弟嬴稷登基，就是秦昭襄王。秦武王下葬后，老太后也就是秦武王的母亲令人追究责任，查到了孟贲的头上，虽然事情不能全怪孟贲，但为了出气，还是将孟贲五马分尸，诛灭其族，而低调的任鄙却因劝谏有功，升任为汉中太守。

——摘自《受益一生的10堂处世课》作者：马银文 台海出版社 2012.10.24

　　出风头被大多数人看成是很风光的一件事，不过，从孟贲的教训中我们可以看出，出风头是要冒风险的。出多大的风头就要承担多大的后果。虽然在现代，出风头掉脑袋的事情不会再发生了，但是，出风头后丢了工作，遭受打击的事情却屡见不鲜。像任鄙一样，虽然可能被秦武王看成是怯懦，但是一旦发生意外，却能稳稳地置身事外，保全自己，这种处世方式实在比孟贲一味地傻出风头高明好多倍。

富而不显，才是大智慧

有钱不是坏事，大部分人都希望自己有钱，并且越多越好。有时候，金钱就是奢华生活的象征，让无数的人眼红羡慕。"有钱能使鬼推磨"，有钱的人办起事来似乎也比穷困的人更为顺手。有了万贯家财撑腰，说起话来底气都很足，就是所谓的"财大气粗"。但是有了钱就处处炫耀，事事张扬，在给自己挣足面子的同时，也为自己埋下了祸根。或遭人非议，空惹口舌是非；或招贼引盗，给自己带来不必要的麻烦；更有甚者，为此而得罪权贵，招来杀身之祸。

明朝人沈万三从小随父种田，没有什么文化，但是很有经济头脑，靠着经营商船，发展对外贸易，贩卖丝绸、茶叶、陶器、工艺品等，在买卖中获得巨额利润，最终拥有万贯家财。沈万三暴富后，又发放高利贷，富上加富，可以说富可敌国。

沈万三暴富后生活奢侈自不在话下。他广辟田宅，以致苏州地区的土地有三分之二都属于沈家，此外他还大娶小老婆，妻妾有几十人，甚至分置各地，为每个小妾兴建豪华妆楼，如盛泽妆楼即小妾九娘的居处。沈万三还广罗天下奇珍异宝，不惜重金购买，藏有古今名贵书画、古董无数。江南首富沈万三，真是无人不知，无人不晓。

明朝洪武年间，张士诚割据平江，当地大富户为求得庇护，都曾献金输粮，以示拥戴。朱元璋起兵攻打苏州城，迟迟不下。当时，张士诚之所以能固守苏州达八月之久，就是因为得到苏州富民在财力上的支持。作为江南首富的沈万三，当然出力不小。

城破之后，朱元璋对苏州富民甚至老百姓恨之入骨，采取了一系列打击报复的措施。他不仅定下重赋，而且要分期、分批将他们迁离乡土。沈万三是个精明的商人，看到了形势的严峻，他知道只有大拍新皇帝的马屁才能求得太平，于是他费劲心思讨好朱元璋。他给朱元璋和朝廷官员进献厚礼钱财，但是朱元璋反应冷淡。

沈万三一看不妙，下心思琢磨怎么才能讨好朱元璋。不久机会来了，朱元璋下旨改建皇城南京城。这项浩大的工程所需经费必然相当可观，当时国内经过动乱，朱元璋刚刚登上帝位，国库空虚，没有多少钱财用于建城。沈万三瞄准这个机会，突然做出惊人之举，主动上疏请求由他出资，帮助朱元璋修筑都城的三分之一，即现今南京城墙的中华门到水西门一段。这步棋看来没有走错，朱元璋终于面露喜色，并承诺对他封官。因沈万三已年逾花甲，便任命他长子沈茂为广积库提举，侄孙沈价为户部员外郎，进京供职。沈万三也于洪武三年迁居南京，全力投入筑城工程。

出资建城之后，沈万三后来想趁热打铁，请求出资犒赏三军，这一下拍到皇帝马脚上。朱元璋大怒，退朝回到后宫，怒气冲冲地对马皇后说："沈万三这个老家伙真是太自不量力了，一个小老百姓居然想犒赏天子的军队，扰乱民心，不杀不足以解我心头之恨！"幸亏马皇后还算清醒，觉得有点过分，劝道："陛下，我听说依法该杀的是不法之徒，而不是不祥之民。沈万三富过了头，并且做出如此不忠之事，上天自然会降祸于他，何劳陛下动手诛灭他呢？"朱元璋想想也有道理，于是免了沈万三的死罪，将他充军云南。这样沈万三才得以保住小命，但下场也很惨，流放时已经年约66岁，最后客死他乡。

沈万三的身后之祸，还要悲惨得多。他的子孙牵涉到历史上著名的蓝玉案中，全家获罪，田产家财全部充公。经过一连串打击，沈万三家族仅存次子沈旺、曾孙沈基和三女婿宋通一家。自此之后，在明朝一代，不闻沈氏后人再有著名富翁，想来是对其祖宗沈万三的悲惨遭遇记忆犹新。

——摘自参考文摘《历史人物：沈万三》2015.7.31

一个"富"字人见人爱，可是其中包含了多少教训啊。历史上富甲一方的大财主，若不懂得及时收敛锋芒，而是处处张扬炫耀，最终都会惹来祸害。

清朝红顶商人胡雪岩，曾经多么显赫、多么辉煌，但最终免不了树倒猢狲散的命运。胡雪岩的衰败类似今天的崩盘，在一夜之间就垮了，未尝不是平日太张扬惹眼之过。陶朱公范蠡则高明得多，他在助勾践破吴之后，不贪功名利禄，毅然隐退，经商致富，成为一代儒商。但他并未因此而不可一世，横行乡里，而是每次发了大财都会施舍接济朋友乡党，再从小生意做起，然后再将财富散尽，三聚三散，从不占为己有。范蠡最后隐居起来，泛舟江湖，过着悠闲自在的生活。范蠡的人生哲学就如同奥妙的春秋哲学一样深邃智慧，独立而积极向上，他的经营思想和他的传奇经历至今读来仍然沁人心脾。

每个人都在追求幸福的生活，但是金钱只是手段而不是目的，如果不明白这个道理，只会在金钱的泥潭中越陷越深，最终不能自拔，遭至灭顶之灾。有钱而不张扬，其实是一种自我保护，像范蠡那样散尽千金，不求名利，则又是一种对生命更高的体验。

谨慎从事，摆正自己的位置

在我们的日常生活中，周围的很多人为了引起别人的关注，不惜哗众取宠，竭尽炫耀之能事，卖弄自己的能力与学问，虽然一时之间也能得到别人的赞叹和羡慕，但同时这样也会招来厌恶、反感和记恨，别人会认为这个人很不成熟、很浅薄，是没有见识的人。因此，我们在生活中要低调一些，谨慎从事，只有这样才会给人沉稳的印象，赢得大家的称赞。

晏婴是齐国的国相，五短身材，其貌不扬，甚至看起来还有些猥琐，不过他足智多谋，反应机敏，是个旷世之才，在齐国享有很高的威望，齐王也非常器重他，他是齐灵公、齐庄公、齐景公三朝的宰相。晏婴德行端正，清廉节俭，虽然官居宰相，但是饮食服饰都很朴素，家人也不穿绸带彩。他对国君忠心耿耿，但并非言听计从，国君的命令合情合理，他遵从，如果不正确，他则会站在一个宰相的立场上，对国君以理相谏。晏婴的外交能力也很强，他曾经多次代表齐国出使晋国和楚国，在出使两个大国时，表现得不亢不卑。无论何时，他都能摆正自己的身份，在其位，行其事，不骄不躁，不目中无人，因此备受当时人们的尊敬。

晏婴有一个车夫。这个车夫个子高高的，相貌堂堂。他就觉得自己给齐国的宰相驾车，多么风光。每次在街上行走时，越是人多他越是挺胸抬头耀武扬威，意思是让人们羡慕他。

有一天，车夫的妻子知道晏婴的车要从自家门口路过。她从门缝中偷偷地窥视自己丈夫和晏婴的神态。看到她丈夫替宰相驾车，头上遮着大伞，挥动着鞭子赶着四匹骏马，神气十足、扬扬得意。车夫的妻子看见自己丈夫趾高气扬的样子非常生气。

晚上车夫回家时，发现他妻子在家哭哭啼啼，收拾了东西要回娘家。车夫非常惊讶，问妻子要干什么。妻子对他说："你把我休了吧，让我回娘家去。"听了妻子的话，车夫丈二和尚摸不着头脑，问道："好端端的为什么要休了你呢？"

妻子说："晏婴身高不足六尺，却担任国相要职，深受国王宠信。我今天看见他坐在华丽的车上，神态沉静谦虚，没有一点骄傲自大的表情。而你身高八尺，只不过是一个车夫，我看你的神态，神采飞扬，好像很了不起的样子。像你这样轻浮浅薄，妄自尊大的人，我身为你的妻子，感到很耻辱，我怎能跟你继续过下去呢？因为你跟晏子这样的人每天在一起，还不能以这样一个人作为你生命的坐标，我对你感觉绝望。"

妻子的一番话说得车夫羞愧万分，当场向妻子保证，以后一定要改正错误，不再哗众取宠，要本本分分地做人。

后来晏婴发现车夫的神态与以前完全不一样了，问车夫其中的缘故。车夫把妻子说他的那番话告诉了晏婴。晏婴说："你妻子说得对啊，人就应该洗去那些浮华的东西，以其本来面目老老实实做人。"

从此以后，车夫改头换面，发愤图强。晏婴感到车夫是个可塑之才，于是推荐他当了齐国的大夫。

——摘自拳砸冷冰的博客《车夫改错的故事》2011.3.27

每个人都是特殊的，都希望得到别人的认可和尊重。但是在别人眼中的你和你自己眼中的你可是有很大差别的。所以，我们一定要学会以一个普通人的身份自居，平等地对待我们身边的每一个人，这样别人才会认为我们的品行高尚，自然而然地我们也就能够得到他人的尊重。但是如果我们表现得得意扬扬，妄自尊大，即便我们真的很有才华，也会招致他人的反感，被别人认为是有名无实的小人。

徐女士是某市人事局的一名职员。由于她工作十分勤奋、十分卖力，也因此取得了不错的成绩。人事局领导经过几番讨论研究之后，就把她派到市里的某一区人事局去做了主任。

在她刚到区人事局当主任的几个月中，她对自己的机遇和才能感到非常地满意。她觉得现在的自己就是高高在上，不可一世的存在。因此，每天她都会使劲儿地吹嘘自己在工作中的成绩，自己是怎样拼搏的，又是如何受到上司们的表扬的，等等。她的朋友们听了之后感到非常地不高兴，都避开她，躲着她。

这让她百思不得其解。就这样过了一段时间之后，她发现根本没一个人理会她，虽然她仍然是个主任，而且更为严重的是连上面的几位局长都不愿理她了。她突然觉得自己活得很空虚、很孤独，每天坐在办公室里唉声叹气的。她的这些表现，都被一把手看在了眼里。有一天，一把手把她叫到了自己的办公室里，告诉她一味地炫耀自己只会让自己身边的人离自己越来越远的。

从那以后，徐女士在跟朋友们相处的时候开始很少谈自己，而是多听朋友说话，毕竟他们也是有很多事情要说的，让他们把自己的成就说出来，远比听到别人吹嘘自己要开心得多。慢慢地，在这之后每当她有时间与朋友闲聊的时候，她总是先请对方滔滔不绝地把他们的欢乐讲出来，与他们一起分享，她不再吹嘘自己，只是在对方问她的时候，才会简单地说一下自己的成就。就这样，她的朋友又多了起来。

由此我们可以看出：我们一定要调整好自己的心态，不吹嘘、不炫耀，学会摆正自己的位置。学会尊重别人，不要把别人不当回事，更不要把自己太当回事，做好自己应该做的事，才能赢得他人的认可，从而拓展自己进一步发展的空间。

锋芒毕露会引祸上身

如果你仔细观察，就会发现周围一些有人缘的人，"和光同尘"，毫无棱角，言语如此，行动也是一样。他们个个深藏不露，表面上看好像他们都是庸才，其实皆为有才能者；好像个个都很讷言，其实其中颇有善变者；好像个个都无大志，其实颇有雄才大略而不愿久居人下者。但是他们却不会在言谈举止上露锋芒，这是为什么呢？

因为人怕出名猪怕壮，他们有所顾忌，如果言语露锋芒，就会很容易得罪别人，得罪旁人就会成为自己前进的阻力，成为自己成功的破坏者。如果行动露锋芒，就会招惹旁人的妒忌，旁人的妒忌也将成为你的阻力，成为自己的破坏者。如果自己的四周是阻力或破坏者，那么就不可能实现自己的目标，而且有可能还会招惹一些祸事。

周亚夫是汉朝名将，他经历文、景两朝，通晓兵法，善于治军，尤其是平定七国之乱时，更是立下了赫赫战功。周亚夫的功劳赢得了人们的一致称誉，汉朝皇帝也很重用他，到景帝时升他为丞相，权位十分显要。

但是周亚夫直率固执，不太圆滑，并且仗着曾经立过功劳，比较高傲，经常得罪皇亲国戚及朝中大臣。七国之乱时，因为不肯出兵援救景帝的弟弟梁王刘武，使刘武对他怀恨在心，从此结下了仇怨。刘武很受窦太后宠爱，与景帝关系密切，他每逢入朝，经常在窦太后面前说周亚夫的坏话，极尽中伤诬陷之能事。窦太后听信了这些话，经常在景帝面前提起，景帝对周亚夫的印象渐渐变坏。

周亚夫因为曾经立过大功，连前朝皇帝都另眼相看，因此经常对景帝出言顶撞。有一次，景帝想要立皇后的哥哥王信为侯，结果被周亚夫劝止。周亚夫禀性直爽，不懂得劝谏艺术，与景帝争执起来，还固执己见。他搬出高祖刘邦的话。认为不是刘氏的人不能封王，如果有战功不能封侯，而且直言不讳。认为王信并无半点功劳，封侯就是违反祖训。尽管周亚夫言之有理，无懈可击，但是话从他口中说出来，就好似他正义凛然，景帝则是昏君，不尊祖训不忠不孝，使景帝很没面子。景帝觉得周亚夫太张狂，蔑视皇帝，心里非常恼怒。

后来又发生几件事情，周亚夫劝谏景帝不成，经常碰钉子，于是上书称病辞官。景帝心想周亚夫功勋卓著，威望甚高，如今负气离去，让人不太放心，于是专门宣召周亚夫，请他赴宴，准备考验他一下。

周亚夫到了宫中，拜见完景帝后入席。他发现自己只有一只酒杯，没有刀叉、筷子，而且盘子里是一整块大的肉，根本没法吃。他非常生气，觉得景帝在戏弄他，于是转过头对侍从说："给我拿双筷子！"

侍从已经得知了景帝的安排，站在那里装聋作哑。

周亚夫吃惊不小，正要发作，景帝突然说："丞相，我赏你这么大一块肉，你还不满足吗？还向侍从要筷子，真讲究啊！"

周亚夫真是又羞又恨，赶紧摘下帽子，向皇帝跪下谢罪。

景帝说："起来吧，既然丞相不习惯这样吃，那就算了，今天的宴席到此结束。"

周亚夫听了，起身向皇帝告退，转身头也不回快步离去。

景帝通过此事，知道周亚夫不是一个知足常乐之人，并且个性张扬，目中无人，将来恐怕会惹麻烦，于是想把他除掉。几天后，景帝找了个借口把周亚夫逮捕入狱，最后周亚夫在狱中绝食而亡。

自古以来，有功者常常居功自傲，有才者往往恃才傲物，抢尽风光，连位居他之上的人都不放在眼里，殊不知杀身之祸多由此而起。在领导者面前保持低调，掩饰锋芒，退出众人注目的焦点，这样在权势面前才能得以自保。

在中国从古代到现代的历史进程中，不乏能人招嫉的故事。太张狂，太露锋芒，就会招来别人的嫉妒，遭到小人的陷害。

郑庄公准备讨伐许国。战前，他先在国都里组织竞赛，选拔先行官。众将听说露脸立功的机会来了，都跃跃欲试，纷纷准备上场一显身手。第一个项目是击剑格斗，众将都使出浑身解数，只见短剑飞舞，盾牌晃动，斗来斗去，经过几轮比试，选出了六个人，参加下一轮比试。第二个项目是比箭，前面五人都比完了，最后是一位老人，胡子有点花白，他就是颖考叔。颖考叔曾劝庄公与母亲和解，深得庄公器重。颖考叔上前，不慌不忙，"嗖嗖嗖"三箭射去，连中靶心，与前面一位将领射了个平手。只剩下两个人了，庄公派人拉出一辆战车，说："你们两人站在远处，同时来抢这部战车，谁抢到手谁就是先行官。"颖考叔飞速抢到了战车，成为了先行官，却使那位将领怀恨在心。

颖考叔果然不负庄公之望，在进攻许国都城时，手举大旗率先从云梯冲上城头。眼看大功告成，那位将领嫉妒得心里发疼，他抽出箭来，向城头射去，一下子把颖考叔从城头射了下来。

人生犹如船过大江，有风平浪静的一帆风顺，也有风急浪涌的险滩暗礁。对于成功者而言，站在明处就是把自己暴露在外，时时都要提防不知从何处来的明枪暗箭；对于普通人而言，虽无成功者的苦恼，也少不了要遭受一些流言蜚语，诋毁中伤。面对这样的情况，最后的办法就是把自己隐藏起来，低调做人，让外界感受不到你的威胁存在，退可以自保，进可以自强。

大清名将海兰察性格强直，兵士方面的知识，他不用学习便能够通晓。枕弓卧地就知道敌人的强弱；检验马身上的箭头，就能知道敌人的远近。每次临敌，他都穿着简单的衣服，带着布帽，绕到敌人的阵后，观察可乘之机，派遣兵马或数十骑闯入敌人阵地，左右射之，使敌人自乱阵脚，然后再整队攻打。

海兰察独自擒获敌将巴雅尔，以少胜多的故事充满了神秘的传奇色彩。与巴雅尔不期而遇之时，海兰察正在山中砍木头，随机抢斧上马与之大战。巴雅尔显然不是海兰察的对手，几十个回合下来，巴雅尔体力渐渐不支，随时都有被砍下马来的危险，为了保全生命，巴雅尔被迫下马归降，并割下一角衣襟给海兰察作为凭证。

战争结束后，全军将士论功行赏，很多人都说巴雅尔是自己擒获的，为此争执不休，海兰察却什么也没说。由于分辨不出，上级便下令让巴雅尔自己到军营里去认，结果认出海兰察来。那些高级将领很不服气，纷纷让海兰察拿出证据，于是海兰察把割下的那一角衣襟拿了出来，众人都不说话了。乾隆皇帝赐其"额尔克巴图鲁"称号。

低调做人，不过度引人注意，可以避免把自己的心理能量浪费在无谓的人际斗争中。所以说做人低调，为人谦虚，守己谨慎，才能躲避明枪暗箭，才能为人所尊敬。

>>>>

第五章

随和的人了解不败人生、忍者无敌的忍让之理

　　人生有很多事需要忍，人生有很多话需要忍，人生有很多气需要忍，人生有很多苦需要忍。忍是一种修养，忍是一种智慧，忍是一种成就未来大事业的谋略。

收敛锋芒，才能获得成功

一个人自恃才能过人，总是表现过多，就会给对手带来压力和不快，他就会感觉到你气势太盛，不可一世，压得他喘不过气来，将你视为眼中钉、肉中刺，尤其是当你的傲然之气表现出来的时候，他甚至会怒火中烧，不择手段地对你施以明枪暗箭。所以，欲成大事者必须学会收敛锋芒、韬光养晦。

在一个农场里，农场主养了一只非常壮硕的公鸡。它每天都会准时报晓，可谓是兢兢业业。农场主为了感谢公鸡，每天早上都会喂它一把豆子。

有一天，农场主在地上撒了一把豆子，谁知这只公鸡竟然耍起了性子，不吃豆子了。农场主不解，就问公鸡："你今天怎么不吃豆子啊？"

公鸡抬起头高傲地说："我不能天天吃便宜的豆子。我清晨把天叫亮，任劳任怨。如果没有我，你的耕种就会延迟，你的付出就没有收获。进一步说，你没有收获，一定会饿死。换句话说，没有我，你就死了。我是你的救命恩人，你应该喂我最好的东西，而不是便宜的豆子。"

农场主没有说话，而是用一段绳子将公鸡的尖嘴巴给扎住了，公鸡再也发不出声了。

第二天清晨，农场主按时起床，扛着农具要去田地劳作，路过鸡窝的时候，他对公鸡说："真奇怪，今天你没有报晓，天怎么还是亮了呢？"公鸡听了，非常羞愧，说不出一句话。

——摘自《李叔同的佛语禅心》作者：孙岩。2005年8月出版

人贵有自知之明。一个人不要总以为自己的贡献、自己的才华有多大，不要总以为自己是多么的伟大。有才华、有贡献，也要懂得内敛，把该做的事情做好，保持一个好的心态，就能不断地提高自己的德行。相反，如果不懂得收敛，那么就会像故事中的公鸡那样，到头来搬起石头砸自己的脚。

作为一个人，尤其是一个自认为有才华、有前程的人，要做到心高气不傲，既能有效地保护自己，又能充分发挥自己的才华，就要战胜盲目自大、盛气凌人的心理和作风，凡事不要太张狂、太咄咄逼人，并且还应当养成谦虚让人的美德。这不仅是有修养的表现，也是生存发展的策略。

巧妙的掩饰之所以是赢得赞扬的最佳途径，是因为人们对不了解的事物抱有好奇心，不要一下子展现你所有的本事，一步一步来，才能获得扎实的成功。倘若你处处表现卖弄，志得意满时趾高气扬，目空一切，不可一世，这样不被别人当靶子打才怪呢！所以无论你有如何出众的才智或高远的志向，都要时刻谨记：心高不可气傲，不要把自己看得太了不起，不要把自己看得太重要，必须审时度势，尽量收敛起锋芒，以免惹火烧身，影响前程甚至危及生命。

在商场上，以自己的优势或长处而自觉高人一筹或因此而看不起对手的做法更要不得。

在美国德州，有一家银行，吸收了很多存户。其老板以此自傲，这就招来一个同行的嫉妒，想将他搞垮。于是，同行不惜牺牲10万元活动费，叫手下到该银行开活期存款，约有1000多个户头。不到一个星期，这些存户同一时间集体去提款，在该银行大厅排起长龙大阵，同时在外面又大放谣言，说该银行资金发生问题，因此别的存户也恐慌起来，纷纷向该银行提款，结果该银行因无法应付只好宣告破产。

在这里我们提倡做人要隐忍，盛气凌人对你的人生、你的事业无丝毫益处。

善忍之人才能攀登上巅峰

也许在很多人看来，低调意味着一种安于平淡，没有什么追求的生活态度。这样的生活态度是绝对不会取得成功的。其实，低调绝对不是意味着让人没有理想，没有追求。事实上，采取低调处世的人往往才最明白自己要的是什么。他们对自己的目标已经深思熟虑，要用最快捷的手段达到这一目的。低调处世，无疑会使他们在走向自己目标的路上减少很多不必要的麻烦。弓越弯射得越远。真正成功的人，当他保持低调的平淡时，也肯定不同于一般庸碌之人的平庸，而是由此到达那些高调张扬的人所不能达到的巅峰位置。

谢安是晋朝人，出身名门望族，他的祖父谢衡以儒学而名满天下，官至国子祭酒。父亲谢裒，官至太常卿。谢安少年时就很有名气，东晋初年的不少名士如王导、桓彝等人都很器重他。谢安思想敏锐深刻，风度优雅，举止沉着镇定，而且能写一手漂亮的行书。谢安从不想凭借出身和名望获得高官厚禄。朝廷先征召他入司徒府，接着又任命他为佐著作郎，都被他以身体上有疾病给推辞掉了。后来，谢安干脆隐居到了会稽的东山，与王羲之、支道林、许询等人游玩于山水之间，不愿当官。当时的扬州刺史庾冰仰慕谢安，好几次命郡县官吏催逼，谢安不得已勉强应召。只过了一个多月，他又辞职回到了会稽；后来，朝廷又曾多次征召，他仍一一回绝。这引起了很多大臣的不满，纷纷上书要求永远不让谢安做官，朝廷考虑了各方面的利害关系后，没有答应。

谢万是谢安的弟弟，也很有才气，仕途通达，颇有名气，只是器度不如谢安，经常自我炫耀。公元358年，谢安的哥哥谢奕去世，谢万被任命为西中郎将，监司、豫、冀、并四州诸军事，兼任豫州刺史。然而谢万不善统兵作战，受命北征时仍然只知自命清高，不知抚慰部将。谢安对弟弟的做法很是忧虑，对他说："你身为元帅，应该经常和各个将领交交心，来获得他们的拥护。像你这样傲慢，怎么能够做大事呢？"谢万听了哥哥的话，召集了诸将，可是平时滔滔不绝的谢万竟连一句话都讲不出，最后干脆用手中的铁如意指着在座的将领说："诸将都是厉害的兵。"这样傲慢的话不仅没有起到抚慰将领的作用，反而使他们更加怨恨。谢安没有办法，只好代替谢万，亲自一个个拜访诸位将领，加以抚慰，请他们尽力协助谢万，但这并未能挽救谢万失败的命运，损兵折将的谢万不久就被贬为庶人。

谢奕病死，谢万被废，使谢氏家族的权势受到了很大威胁，终于迫使谢安进入仕途。公元360年，征西大将军桓温邀请谢安担任自己帐下的司马，他接受了。这件事引起了朝野轰动，还有人嘲讽他此前不愿做官的意愿，而谢安毫不介意。桓温却十分兴奋，一次谢安去他家做客，告辞后，桓温竟然自豪地对手下人说："你们以前见过我有这样的客人吗？"

咸安二年（公元372年），简文帝即位不到一年就死去，太子司马曜即位，是为孝武帝。桓温原以为简文帝会把皇位传给自己，大失所望，便以进京祭奠简文帝为由，率军来到建康城外，准备杀大臣以立威。他在新亭预先埋伏了兵士，下令召见谢安和王坦之。王坦之非常害怕，问谢安怎么办，谢安却神情坦然地说："晋的存亡，就在此次一行了。"王坦之只好硬着头皮与谢安一起去。他们出城来到桓温营帐，王坦之十分紧张，汗流浃背，把衣衫都沾湿了，手中的笏板也拿倒了。谢安却从容不迫，就座后神色自若地对桓温说："我听说有道的诸侯只是设守卫在四方，您又何必在幕后埋伏士兵呢？"桓温听后很尴尬，只好下令撤除了埋伏。由于谢安的机智和镇定，桓温始终没敢对二人下手，不久就退回了姑孰，这场迫在眉睫的危机被谢安从容化解了。

公元383年，前秦苻坚率军南下，想要吞灭东晋，一统天下。建康城里一片恐慌，谢安还是那样镇定自若，以征讨大都督的身份负责军事。桓冲担心建康的安危，派3000精锐兵马前来协助保卫京师，被谢安拒绝了。谢玄也心中忐忑，临行前向谢安询问对策，谢安只答了一句："我已经安排好了。"便绝口不谈军事。

淝水之战后，当晋军大败前秦的捷报送到谢安手中时，他正与客人下棋。他看完捷报，随手放在座位旁，不动声色地继续下棋。客人忍不住问他，他只是淡淡地说："没什么，已经打败敌人了。"直到下完了棋，客人告辞后，谢安才抑制不住心中的喜悦，进入内室，手舞足蹈起来，把木屐底上的屐齿都弄断了。

——摘自360问答《东晋名相谢安故事的主要内容》2013.9.3

谢安善于隐忍自己，并不是说没有自己的追求，而是为了达到长远目标的有效手段。这种态度为他赢得了很多人的尊敬和拥护，对于他能登上高位很有帮助。其实，在我们的生活中也是这样，采取高调张扬的态度，只能得到一些眼前的好处，而隐忍的长远经营，才能达到一个重大的目标。

以小忍成就大的事业

俗话说：人生之事，十之八九不如人意。怎样来处理人生之中这些不如意的事，往往构成了成功者与失败者的分界线。成功者，尤其是那些成就伟业的人，他们有着超强的耐力，能忍常人之能不忍，不让小事情来打断自己的整个计划，在忍耐中寻找机会，使自己的目标得以实现。东汉开国皇帝刘秀与越王勾践的事例就很好地说明了这一点。

汉光武帝刘秀小时候，在家表现得十分勤快，尚干实事不尚虚夸，显得十分憨厚、平和。他虽想出人头地，但从来不露声色。为此，他的哥哥刘寅自比刘邦（少时是一个浪荡公子），把刘秀比作刘邦的二哥刘喜（目光短浅，胸无大志），很是瞧不起他，并常常以此嘲笑刘秀。刘秀去长安读书，当他读到《论语》中"子曰：巧言乱德，小不忍则乱大谋"一句时，简直是手舞足蹈地说："说得太好了，太好了，真是一针见血！"从此，他便以这句至理名言规范自己的言行。

刘寅、刘秀兄弟二人发动青陵起义，结果皇帝却被刘玄当上，致使刘寅心中不快。刘玄也清楚刘寅性情蛮横，又野心勃勃，再加上以他为首的青陵兵在与王莽的军队作战中，节节胜利，战功卓著，无疑这一切对自己的皇帝宝座是个巨大的威胁。所以，总想找个借口除掉刘寅。刘稷是刘寅的部将，听说刘玄当了皇帝，心中也十分不满，便大发牢骚说："今起兵图谋大事，全是刘寅的功劳，他刘玄算个什么东西，有什么资格配称皇帝？"刘玄听后，想收买刘稷，封他为抗威将军，刘稷拒不接受。刘玄要杀刘稷，遭到刘寅反对。刘玄一怒之下，便将刘寅、刘稷一起杀掉。尔后，为了斩草除根，想伺机将刘秀杀掉。

刘玄为找借口，便派人去对刘秀宣布诏书说："太常偏将军刘秀英勇善战，特封为破虏大将军，武信侯。"还没等刘秀谢恩，接着又宣布说："大司徒刘寅，一向图谋不轨，常有抗帝之意，所以把他杀了。"以此来试探刘秀的反应，如稍有恨意，便就地将其正法。

刘秀是何等聪明，对刘玄的这点用意怎能不知？小不忍则乱大谋。刘秀听完诏书后，极力克制住内心的杀兄之恨，慌忙磕头谢恩说："陛下赏罚甚明。我建功微小，不值一提，皇上如此嘉奖，刘秀实在受之有愧。兄刘寅素有反意，我也常劝他野心必毙，但他就是不听，发展到今天刑及其身，实在是罪有应得。"刘秀一席话语，表现得十分真诚，不要说报信宣诏之人深信不疑，就连他的部下也都信以为真，无不为刘秀的大义灭亲之举感动得流下眼泪。

宣旨人走后，刘秀回到帐内，关紧房门，便捶胸大哭，恨得咬牙切齿地说："杀兄之仇不报，还配做人！"但在第二天，他又立即跑到刘玄住处，言必称陛下，口必言皇恩浩荡，绝不提昆阳大捷之功。既显得十分恭谨，又表现得粗犷大度，平时谈吐不透半点哀痛之意，也不为刘寅服丧，饮食谈笑和平常一样。

刘秀"以小忍成大谋"的表演，终于使刘玄解除了猜忌，改变了对他的看法，以为刘秀真的忠于他。三个月以后，刘秀以破虏大将军的身份被派往河北。从此，刘秀便摆脱了刘玄的监视和控制，迅速招兵买马，网罗人才，扩充实力。他在到任后不到一年的时间里，便发展到10余万人，有了一大批既能征惯战，又对其忠心耿耿的战将，使其很快具备了与刘玄抗衡的力量。之后便公开和刘玄分道扬镳了。

——摘自《读史有计谋：5000年最有价值的阴谋与阳谋》

著译者：周甄武　新世界出版社　2005.1.1

刘寅易于喜怒，专横跋扈，锋芒外露，成了刘玄的刀下之鬼。刘秀性格内向，事不外露，城府深沉，容忍一时而不乱大谋。当刘寅被杀的消息传来时，刘秀为避免过早与刘玄发生正面冲突，极力克制自己，立即从出征的战场赶来当面向刘玄谢罪。他对自己所立战功只字不提，而且深深自责，也不为其兄服丧，饮食言笑如同平常，毫无丧兄之痛的表示。这成功的韬晦表演，终于使刘秀转危为安、逢凶化吉，不仅没有受到牵连，反而加官晋爵，为其以后建立东汉王朝保存了实力，最终成就了东汉王朝的统一大业。

越王勾践也是忍耐的高手，在绝境中他卧薪尝胆，忍辱偷生，直到有利时机的出现。

春秋末年，吴越两国军队展开激战，结果越国被打败，越王勾践只带了五千残兵败将逃到会稽山。吴兵又层层围攻，勾践无奈，只得听从大夫范蠡的劝告向吴王夫差投降："勾践情愿为大王做臣子，而我的妻子也愿意为大王做妾。"吴王夫差尚存一丝仁慈之心，缺乏猛追穷寇、斩草除根的决心，见越王如此谦卑，就不顾大夫伍子胥的反对，答应了勾践的请求。于是，勾践带着妻子来到吴国。

想当初，越王夫妇二人是何等的尊贵，而现在却穿着短衫布裙，干着养马除粪的粗活，而且一干就是三年，毫无怨恨之意。这一切，都被夫差看在眼里。夫差认为勾践表现得不错，能悔过自新，于是，也就放松了对他的管制。

后来夫差得了一场重病，过了三个月还未痊愈。勾践听说了这件事后，认为这是一个极好的可用之机，于是在夫差召见时，跪在地上，请夫差让他"尝尝大王的粪便，以判断病情"。说着，便用手捞起夫差的粪便，津津有味地咀嚼着。过了一会儿后，勾践忽然满脸笑容，大声说道："囚臣勾践再次恭贺大王，大王的病马上就要好转了。"夫差听了，将信将疑，问道："你怎么能知道呢？"勾践回答道："臣过去曾师从名医，对如何从粪便观察病情颇有研究，凡粪便的气味与节气相顺，就无大病。如今大王的粪便其味酸苦，顺应了春夏之气，由此可知大王的病很快就会好转。"夫差听后十分感动，情不自禁地称赞起勾践："你真是一个好人！"于是就让勾践搬到宫中居住，勾践终于如愿以偿。

范蠡又用重金买通夫差身边的侍臣，向吴王进献绝代佳人西施。夫差见了西施，顿时神魂颠倒，于是投桃报李，特赦勾践。勾践回到了越国，刻苦自励，立志复国。他叫文仲管理政治，范蠡训练军队，号召全国人民，发愤图强，准备以十年的时间奖励生养、积聚财物，并在这十年之中，加紧教育、训练军民，即所谓"十年生聚，十年教训"，计划十年后打败吴国。勾践为了坚持锻炼自己的斗志，不忘国耻，不睡好床，而睡在柴薪上，饭前总要尝下苦胆，以激励自己发愤图强。这就叫"卧薪尝胆"。

功夫不负苦心人，没出十年，越国就发展壮大了起来。只一仗越国就打败了吴国。又过了几年，勾践带着文仲、范蠡亲自率领大军进攻吴国。吴军大败，夫差逃到姑苏山（在今江苏苏州西南），派大夫公孙雄赴越求和。勾践不愿重蹈夫差纵虎为患的覆辙，只同意保留夫差一条性命。夫差愧恨交加，伏剑自杀。这样，勾践就取代吴王夫差，成了新的霸主。

勾践可以说是最了不起的善于忍耐者。从国君沦为执役之奴，没有非凡的忍耐力，是承受不了这么大的地位反差的；尝人粪便，经羞辱而不怒，没有非凡的忍耐力，是承受不了这么巨大的精神折磨的；漫漫十年，没有非凡的忍耐力，是经受不了这么漫长的岁月考验的。然而，勾践都忍耐下来了。正因为他有非凡的忍耐力，才最终成就了非凡的事业，复国雪耻，夺回了丧失的权力。这也从反面说明了"小不忍则乱大谋"这条真理的正确性。

　　事业的成功需要个人具备一些基本素质，而忍耐力是其中最重要的一种。这是因为大多时候人的一生不是充满着鲜花，而是铺满荆棘，需要面对大量的困难和解决大量的问题，在这时候如果我们不能如履薄冰般地小心行事，而是不能容忍而得罪他人，就会使自己长期的艰苦奋斗毁为一旦，这不但是历史上无数人的失败史已经证明了的真理，也是我们今天要想成就事业必须遵循的准则。

吃亏是一种福气

让别人占点"小便宜"是人际交往中的艺术，给别人一点是为了获得更多。掌握这门艺术，关键在于把握"给"的度，并能准确预算成本、风险与回报。让别人占小便宜并不是软弱可欺，任人凌辱，你必须站在比对方更高的角度，头脑清醒，统揽全局，方能忍受一时的损失或屈辱，最终得到你所想要的一切。

对敌人，让他占点"小便宜"，是为了解除他的防备心理，为自己赢得发展的足够时间。你表现得越谦恭、越低调，就越能满足他的虚荣心，让他以为你无意与他为敌，并且还软弱可欺。即使那些自以为很精明的敌人，也会因此而放松警惕。慷慨大度是让人分心的最有效的方法，选择性地给予往往可以击溃最顽固的敌手。

西晋时期的杜预，在中国历史上是一个十分有名的人，他文有文才，武有武略，懂天文，知地理，在当时知识领域和社会生活各方面都有杰出的贡献。结束汉末三国近百年分裂局面的伐吴之战，便是在他的建议和指挥之下进行的；他所撰写的《春秋左氏经传集解》是我国早期研究《左传》的最为重要的著作。由于他多方面的才能和贡献，当时人称他为"杜武库"，称赞他无所不知，无所不能，晋武帝司马炎对他也格外器重。

就是这样一个杰出的人物，当他任荆州刺史时，却经常向京师洛阳的一些权贵馈赠各种礼品。有人不解，觉得他无求于这些人，为什么还要这样。他说："我自然没什么要有求于他们的，我只怕他们加害于我。"

由于杜预对封建官场有清醒的认识，预防在前，那些权贵倒也没有对他进行过什么诬陷，得以平安度过一生。

对于身边的人——朋友、合作者、同事、下属，这也是一种人际交往的艺术。付出是为了收获，收获感情，收获更多的个人发展机会。把实惠和荣耀让给别人的同时，他们感情的天平也在向你这边倾斜，或许在不知不觉中你已经为自己播种下了下一季度收获的种子。

17世纪初，欧洲很多科学家都面临资金短缺、生活困顿的问题，伽利略也不例外。所以，他经常把自己的发现和发明当作礼物送给那些赞助者，希望从他们那里得到资助，继续从事研究。1610年，他又有了一个重大的发现——发现了木星周围的卫星。这一次，他把这个发现呈献给了麦迪西家族。他在寇西默二世登基的同时，宣布从望远镜中看见一颗明亮的星星（木星），木星有四颗卫星，代表了寇西默与其三个兄弟。卫星环绕木星运行，就如同这4个儿子围绕着他们的父亲——王朝的创建者寇西默一世一样。之后，伽利略还委托别人制造了一枚徽章，徽章上刻着这样的图案：天神朱比特坐在云端上，四颗星星围绕着他。他把这颗徽章献给寇西默二世，象征着他和天上所有星星的关系。

寇西默二世得到了荣耀，非常高兴，于是任命伽利略为宫廷哲学家和数学家，并给予全薪。对于一个科学家而言，这是人生中最辉煌的岁月，伽利略四处乞求赞助的日子结束了，从此可以全身心投入到他的科学研究中去。

那些居于高位的贵族其实并不关心科学研究，他们更关心自己的声誉和荣耀，他们比平常人更希望自己看起来显赫出众。伽利略把他们的名字和宇宙中的星星联系起来，极大地满足了他们的虚荣心，用让他们占了个"小便宜"这样一个策略，为自己赢得了更多的支持。

吃亏是为了下一步做准备

对于任何事情，一味地争强好胜，好勇斗狠，是不可取的。适时地做出一些让步，既不是无原则的屈服，更不是软弱的退却，它是在充分了解对手的情况下，做出的明智选择。让步的目的是为了进步，它可以为下一个目标做准备，也可以寻找机会借对方的力量，实现自己的目标。

凡事不张扬，不轻易拿出自己的本领，实乃做人的至高境界。很多时候懂得进退非常有必要，就像徐达，在该保全自己的时候，选择了"退"，实在是聪明之举。

朱元璋和徐达本是同乡，少小亲善，朱元璋称帝后也一直称呼他大哥，以示尊宠。另外徐达是朱元璋功臣之一，一生随着朱元璋东征西讨，所谓"功定天下之半，声驰四海之表"，称得上是明朝的韩信。可朱元璋越是亲热地叫大哥，徐达越是心里发毛，如同芒刺在背，也越是小心谨慎，不敢有丝毫的差错，心里依然畏惧不安。

有一天，徐达出征回来，朱元璋照例下殿迎接，口称大哥，亲热无比。徐达汇报完战事后，朱元璋便留他在宫中闲谈，故意装作漫不经心的样子说："大哥功劳这么大，却一直没有一座像样子的房子，我以前当吴王时住的府邸现今空着没用，就送给大哥凑合住住吧。"

徐达听到这样的话，心都提到嗓子眼儿了，知道自己已到了鬼门关口，忙俯身下拜，苦苦推辞，朱元璋见他态度诚恳，也就不再提了，徐达却是汗透重衣，心虚不已。

还没过几天，朱元璋就在吴王府邸中设宴，款待自己昔日的布衣兄弟，徐达自然也被请去。酒宴上朱元璋连连劝酒，徐达不敢违命，只好拼命喝，结果不胜酒力，宴席没结束便已醉倒了。朱元璋便命人把徐达抬到自己以前住过的床上，对众人说："我已经把这所房子送给徐大哥了，今天不过是代他请大家喝酒，主人已醉，咱们也散了吧。"便率众人离开了吴王府邸。

过了半晌，徐达酒醒后才发现自己是在吴王府邸中，而且睡在皇上先前用过的床上，顿时吓得魂飞九天，忙一跃而起，冲出府门。府中的奴仆们不知何故，都出来劝他回去，说皇上已经把府邸赐给大将军了，不必惊慌。但是徐达不敢再踏入府门，又不敢说擅自回家，怕朱元璋心中生疑，索性就和衣睡在街道上。

徐达的仆人都苦苦劝他，数九寒冬的睡在街道上非冻死不可，徐达置之不理，仆人们只好进去拿被褥，凡是上好的经朱元璋用过的，徐达都不要，仆人们只好拿出自己的被褥送给他，徐达才接受，在以地为床，坦然地睡起觉来。

夹杂在仆人中的锦衣卫密探忙入宫禀报朱元璋，朱元璋不觉露出笑容，命他继续监视。徐达宿醉未醒，又自知逃过了生死一劫，虽住在街道上，心里却很平稳，居然在凛冽寒风中睡着了。朱元璋得知这一情况后才嬉笑出声，认定徐达是铁了心要做自己的臣子，绝没有自立为帝的野心。

——摘自道客巴巴网《弯腰是一种智慧》

徐达为人深沉忠厚，处世低调谨慎，从不炫耀自己的长处和功劳。明太祖登基后，虽然他对大明王朝有着无人能出其右的赫赫战功，却绝口不谈自己的功绩。

常言道："救人一命，胜造七级浮屠。"在腥风血雨中，徐达曾冒着生命危险，不但救了朱元璋的命，还辅佐他登上皇帝的宝座，此恩可谓深似海，此德可谓比天高。但是徐达却绝口不提。这既说明了他有高尚的品德，也表现出了他深沉的处世智谋。因为，从处世的智谋说，知道进退是一种避祸自保的韬晦之计。侯门似海，君心难测，皇帝对臣下的要求，历来是只准你出力，不准你邀功。徐达对此是不会不知道的。无论在官场、商场还是政治军事斗争中进可攻、退可守，看似平淡，实则是高深处世谋略。徐达看似放弃功名利禄的"不精明"的举动，其实在那个时候是聪明的举动，从后来朱元璋大杀功臣，就可以知道徐达懂得进退确实是明智之举了。

曾经在某单位有这样的一件事：部里下达了一个关于质量检查的通知后，要求各省、地区的有关部门届时提供必要的材料，准备汇报，并安排必要的下厂检查。

某市轻工局收到这份通知后，照例是先经过局办公室主任的手，再送交有关局长处理。这位局办公室主任看到此事比较急，当日便把通知送往主管的某局长办公室。当时，这位局长正在接电话，看见主任进来后，只是用眼睛示意一下，让他放在桌上即可。于是，主任照办了。然而，就在检查小组即将到来的前一天，部里来电话告知到达日期，请安排住宿时，这位局长才记起此事。

他气冲冲地把办公室主任叫来，一顿呵斥，批评他耽误了事。在这种情况下，这位主任深知自己并没有耽误事，真正耽误事的正是这位局长自己，可他并没有反驳，而是虚心接受批评。事过之后，他又立即到局长办公室里找出那份通知，连夜加班加点、打电话、催数字，很快地把所需要的材料准备齐全。这样，局长也愈发看重这位忍辱负重的好主任了。

——摘自做人谷的博客《做人的学问》2013.7.11

为什么他明明知道这件事不是他的责任，而又闷着头承担这个罪名，背这个"黑锅"呢？很重要的一点就在于，这位主任知道，必要的时候必须为上司背黑锅。这样，尽管眼下自己会受到一点损失，挨几句批评，但到头来，自己仍然会有相当大的好处，事实上也证明他的做法和想法是正确的。许多情况下，替上司补台，吃的只是表面上的亏，而暗中占的便宜不知道要大多少倍。适当替老板补补台，吃点表面上的小亏，其更有利于你在职路上的顺利前行。

很多人觉得急流勇退就是吃亏之举，而且觉得只要吃了一次亏，以后就会有惯性了。但是事实上，吃亏让步只是暂时的缓兵之计，而是为下一个目标做准备的前奏曲。

忍让是为了更好地前进

唐代著名的和尚诗人寒山问拾得：世间有人谤我、欺我、辱我、笑我、轻我、贱我、骗我，如何处之乎？拾得答道：只有忍他、让他、避他、由他、耐他、敬他、不要理他，再过几年，你且看他。

拾得的回答充满了为人处世的机智。忍绝不是消极退缩，忍正是涵养性情，磨炼志气，坚定决心的不二法门。发怒是最容易的事，而忍气吞声也并不难。动辄发火的人是逃避现实的懦夫，忍者才能冷静地面对现实，莽撞使人失败误事，忍耐才是无法攻破的城堡。

在人生跑道上的长跑者，首先必须要有平和的心境，从而步伐才能均匀，持续有力，不然必会导致中途力竭，前功尽弃。平和不是缓慢，而是均匀；不是松懈，而是稳健；不是无为，而是真正的有所作为的大前提。

《寓圃杂记》里面记述了杨翥的两件事：杨翥的邻居丢了一只鸡，便骂是姓杨的偷去了。家人告诉杨翥，杨翥说：又不是我一家姓杨，随他骂去。又一邻居，每逢雨天，便将自家院子里的积水排放到杨翥院中。家人告知杨翥，他却劝解家人：总是晴天的日子多，落雨的日子少。久而久之，邻居们被杨翥的忍让所感动。有一年，一伙贼人密谋抢劫杨家，邻居们主动帮杨家守夜，使杨家免去了这场灾祸。

20世纪50年代，许多商人知道于右任是著名的书法家，纷纷在自己的公司、店铺、饭店门口挂起了署名于右任题写的招牌，以招徕生意，其中确为于右任所题的极少。一天，于右任一个学生匆匆地来见老师："老师，我今天中午去一家平时常去的羊肉泡馍馆吃饭，想不到他们居然也挂起了以您的名义题写的招牌，而且字写得歪歪斜斜，难看死了。"正在练习书法的于右任，放下毛笔然后缓缓地说："这可不行。"

于右任沉默了一会儿，顺手从书案旁拿过一张宣纸，拎起毛笔，龙飞凤舞地写了："羊肉泡馍馆"几个大字，落款处则是"于右任题"几个小字，并盖了一方私章。

于右任缓缓地说："这冒名顶替固然可恨，但毕竟说明他还是瞧得上我于某人的字，只是不知真假的人看见那假招牌还以为我于大胡子写的字真的那样差，那我不是就亏了么？我不能砸了自己的招牌，坏了自己的名。所以，帮忙帮到底，还是麻烦老弟跑一趟，把那块假的给换下来。"转怒为喜的学生拿着于右任的题字匆匆去了。

与人相处，不时会遇到他人犯有小错，这也许会冒犯你的利益。如果不是大的原则问题，不妨一笑了之，显出一些大家风范。大度诙谐有时比横眉冷对更有助于问题的解决。对他人的小过不予追究，实际上也是一种忍让的态度，有的时候，这种忍让会使人没齿难忘。

海明威曾说："我可以被毁灭，但不可以被打败。"的确，这种傲视万物，不屈不挠的精神很值得我们学习。然而，在生命的航程里，沉沉浮浮在所难免，开心或不开心的事情很多，不管我们愿不愿意，总有人是我们喜欢的，也总有人是我们不喜欢的，心情有好的时候也有坏的时候。面对这汹涌的波涛，我们不一定是最好的舵手。那么，我们不妨给自己一次低头喘息的机会——适时服输。

人与人之间难免有磕磕碰碰，总免不了有许多的不如意，如果一味地钻牛角尖，或许受伤害最深的不是别人，而是你自己。这时候我们不妨对自己说："退一步，也许是另外一种风景。"我们是社会上的一员，而不是一个独立的个体，相信在拥有一份宽容之心的同时，也会拥有更多的生活快乐。如果我们一味地不肯相让或是一方过于执拗，使本可以化解的心结愈结愈深，使原本不是什么大事的问题越谈越僵。如此往复，何时才能终结？倒不如，各自退一步皆大欢喜。

有的人鄙视服输者，他们的信念永远是那么坚定，灵魂总是那么孤傲自负，似乎手里捧着的只有所向披靡。多多少少，我们也会被这种执拗的倔强而感动。但是，胜败乃兵家常事，他们何以如此拒绝服输？正如对弈，技不如人既成事实，却不肯认输，这难道不与阿Q的精神胜利法很像吗？况且"江东子弟多才俊，卷土重来未可知"。你这次失败了，下次卷土重来不就可以了吗？

人生不是电影，不会定格在某一个画面。日子在往前走，生活也要继续。你依旧在颠簸的旅途奋力前行，偶尔绊住了，也不是长卧不起，而还会爬起来，不是吗？那么，这就不是输，只不过是暂时没有赢。

一个溺水的游泳健将，不是败在汹涌的江水前，而是因为不肯低头暂时服输而迷惑了心灵。我们不禁要问：有幸来世上已属不易，何必对磕磕绊绊耿耿于怀，为逞一时之勇，甚至于连年轻的生命也要轻易搭上？毕竟，不是每一件事都值得我们用生命去坚持。

不要鄙视服输者，在关键之时，收回迈向悬崖的脚，适时服输，给生命一条出路，也给以后的重新迈进一次机会。毕竟，路还很长，大丈夫能屈能伸，何必逞匹夫之勇？况且，适时不是永远，服输不是放弃。在适当的时刻，能聪明地低头，方能积蓄力量、厚积薄发。

不怨天，不斗气

生活中有些侮辱可能是别人无意中附加给我们的。有些时候，我们所受的侮辱来自和我们敌对的一方，来自那些准备冷眼旁观我们身陷窘境如何自处的敌人。这就需要我们充分利用自己的智慧，低调处之，不和他人斗气，才能保持清醒的头脑。

利特尔公司是世界上最著名的科技咨询公司之一。它的前身是其创始人利特尔建立的一个小小的化学实验室。

1921年的一天，在许多企业家参加的一次聚会上，一位大亨高谈阔论，否定科学的作用。一向崇拜科学的利特尔平静地向这位大亨解释科学对企业生产的重要作用。

这位大亨听后，不屑一顾，还嘲讽了利特尔一番，最后他挑衅地说："我的钱太多了，现有的钱袋已经不够用了，想找猪耳朵做的丝钱袋来装。或许你的科学能帮个忙，如果做成这样的钱袋，大家都会把你当科学家的。"说完，哈哈大笑。聪明的利特尔气得嘴唇直抖，本来想发作一番，但还是抑制住情绪，表面上非常谦虚地说："谢谢你的指点。"因为利特尔感到这是一个千载难逢的大好机会。其后的一段时间内，市场上的猪耳朵被利特尔公司暗中搜购一空。购回的猪耳朵被利特尔公司的化学家分解成胶质和纤维组织，然后又把这些物质制成可纺纤维，再纺成丝线，并染上各种不同的美丽颜色，最后纺织成五光十色的丝钱袋。这种钱袋投放市场后，顿时被一抢而空。利特尔公司因此名声大振。

面对挑衅，利特尔忍受轻蔑，"虚心"接受指点；不大吵大闹、争执强辩，也不义正词严地加以驳斥，他不露声色，暗中准备，将猪耳朵制成丝钱袋，从而一举成名。

利特尔成功起家的故事告诉我们：面对侮辱，与其出言反驳，不如不和他人斗无谓之气，用实际行动证明自己的能力。

清代乾隆时期有一位东华绸缎铺的老板，他经营有方，低调做人。得到了乾隆的赏识，人们都称为"缎子王"。缎子王几乎垄断了北京的绸缎批发业务，直接与内务府大臣往来，生意越做越大。

尽管缎子王善于交际，但也有疏忽的地方。内务府一位郎中对缎子王暴富不满，想方设法整一整缎子王。有一次，缎子王代内务府采办了200箱缎子，该郎中使用调包计，诬陷缎子王采办的200箱缎子中，有50余箱是已经腐朽变质的老缎子。缎子王面对内务府官员的诬陷，既不声辩，也不要求开箱检查，而是默默地将这50余箱缎子收回，折合银子价值几十万两。后来，缎子王想挽回一些损失，就把这50多箱老缎子打开检查，发现这50多箱缎子是明朝魏忠贤家的财物。魏忠贤自缢后，财产被朝廷没收。箱子经两朝转手多次，均无人查看过箱内所装的东西。原来当时各级官员送给魏忠贤的每匹绸缎里，都卷有金叶。时过百年，绸缎虽然老化，但金子丝毫无损，缎子王因祸得福，发了大财。

在人与人的交往中，总免不了产生矛盾和摩擦，若为一点小事就争执起来，互不退让，实在是又费时又费力，还徒增烦恼，于人于己没有一点好处。俗谚云："忍一时风平浪静，退一步海阔天空。"到时自有峰回路转的胜境，故待人能谦退礼让，定能赢得彼此的尊重。上下之间，老幼之间，邻里之间，多一股和气，则少一股怨气。

一个经常失败而又不知道从哪里爬起来的人，在寻找失败的借口和原因时，常常习惯于责备社会、人生，抱怨运气不好。对于别人的成功与幸福，总是愤愤不平。因为他认为，这些都足以说明生活使他受到不公平的待遇。

威廉长年辛苦地工作，终于升为公司的副董事长，情形如果顺利下去的话，他一定会成为董事长。他自己也深信董事长退位之后，他一定能升上去，他的能力和商场经验都没有丝毫问题，没有任何理由可以阻碍他的希望实现。

但实际上到了那个时候，他却被忽略了，外来的人成为新董事长。

威廉的太太尤丝特别执拗而念念不忘此事，她因太失望和屈辱而备感沮丧，便把丈夫当作出气筒。

与她完全相反的，威廉却非常冷静，虽然可明显看出他也伤心、失望和困惑，但仍能以勇气去应付。他原本是个个性敦厚的人，所以没有生气与激动的表现并不令人惊讶，但尤丝一直责备他说："你想说些什么就全部告诉那些家伙，然后辞职吧！"

威廉却无意要那么做，反而表示想要与新董事长一起工作，尽己所能地去帮助他。

实际上，要抱这种态度也许不容易，但他想到这样大的年纪还转到别的公司服务，也必须多考虑，而且如果自己留在副董事长的地位，该公司今后也会重用他的。

愤愤不平是一些人企图用所谓不公正、不公平的现象来为自己的失败辩护，使自己心里得到一些安慰。可实际上，作为对失败者的安慰，怨恨是非常不可取的办法，比生病还糟。怨恨是精神的烈性毒药，它使快乐不能产生，并且使成功的力量逐渐消耗殆尽。最后形成恶性循环，自己并没有多大本领而又非常怨恨别人的人，几乎不可能与领导、同事相处得好。对于由此而来的同事对他的不够尊重或者领导对他工作不当的指责，都会使他加倍地感到愤愤不平。

怨恨的结果常常使人更加郁闷、烦恼。就算怨恨是真正的不公正与错误，怨恨也不是解决问题的好方法，因为它很快就会转变成一种习惯情绪。一个人习惯于觉得自己是不公平的受害者时，就会定位于受害者的角色上，并可能随时寻找外在的借口，即使对最无心的话在最不确定的情况中，他也能轻易地看到不公平的证据。

一般情况下，习惯性的怨恨一定会带来自怜，而自怜又是最坏的情绪习惯。这个习惯已根深蒂固，如果离开了这个习惯，就会觉得不对劲、不自然，而必须开始去寻找新的不公正的证据。心理学家认为，这类人只有在苦恼中才会感到适应，这种怨恨和自怜的情绪习惯，会把自己想象成一个不快乐的可怜虫或者牺牲者。产生怨恨的真正原因是自己的情绪反应。因此，只有自己才有力量克服它，如果你能理解并且深信：怨天尤人不是使人成功与幸福的方法，你便可以控制住这种习惯。

一个人有怨恨之心，他就不可能把自己想象成自立、自强的人。怨恨的人把自己的命运交给别人，把自己的感受和行动交给别人支配，他像乞丐一样依赖别人。如果是有人给他快乐，他也会觉得怨恨，因为对方不是照他希望的方式给的；如果是有人永远感激他，而且这种感激是出于欣赏他或承认他的价值，他还会觉得怨恨，因为别人欠他的这些感激的债并没有完全偿还；如果是生活不如意，他更会觉得怨恨，因为他觉得生活欠他的太多。

在大多数情况下，怨恨是我们自己找来的。所以，我们还应该自己想办法，消除这种抱怨，把自己从抱怨中拯救出来。

忍住怒气，你才能占据主动

培根曾说："愤怒，就像地雷，碰到任何东西都一同毁灭。"因此，在某些情况下，我们要学会忍耐，以一种心平气和的心情来解决问题，千万不能一碰到"导火线"就暴跳如雷，导致情绪失控。

通常情况下，在你听到别人对我们发怒的时候，我们总是忍不住反驳，甚至比他更愤怒。这就会使得双方都陷入不理智的泥潭，难以自拔。也或者是别人故意惹你发怒，因为一个人在发怒的时候，就像疯了一样，自然会犯下冷静时不会犯的错误。这样情况就会向有利于对方的方向发展，正合了对方的意愿。所以，当你怒不可遏的时候，一定要保持冷静，不要进了对方设的圈套。

明朝苏州城里有一家典当铺，掌柜叫尤老翁，他一向信奉和气生财，从来不和顾客发生争执。一年年关前夕，尤老翁在里间盘账，忽然听见外面柜台处有争吵声，就赶忙走了出来。原来是伙计正在与常在这里典当东西的赵老头争吵着什么。

尤老翁二话不说，先将伙计训斥一顿，然后就陪着笑向赵老头赔不是。可是赵老头脸色铁青，不见一丝和缓之色，站在柜台前一句话也不说。

挨了骂的伙计委屈地向老板诉苦："老爷，这事不能怪我呀，是这个赵老头蛮不讲理。他前些日子当了衣服，现在，他说过年要穿，一定要取回去，可是他又不还当衣服的钱。我刚一解释，他就破口大骂。"

尤老翁点点头，打发这个伙计去照料别的生意，自己过去请赵老头到旁边的椅子上坐下，语气恳切地对他说："老人家，消消气，不要与伙计一般见识呢。我知道你的来意，过年了，总想有身体面点的衣服穿。这是小事一桩，大家都是熟人，抬头不见低头见的，什么事都好商量。"

说着就吩咐另一个伙计查一下账，从赵老头典当的衣物中找出五件冬衣来。衣服取来后，尤老翁亲手递给他说："这件棉袍是你冬天里不可缺少的衣服，这件罩袍你拜年时用得着，这三件棉衣，孩子们也是要穿的。这些你先拿回去吧，其余的衣物不是急用的，可以先放在这里。"

赵老头仍然板着脸，似乎一点儿也不领情，拿起衣服，连个招呼都不打，就急匆匆地走了。尤老翁并不在意，仍然含笑拱手将赵老头送出大门。

没想到，当天夜里赵老头竟然死在另一位开店的街坊家中。赵老头的亲属乘机控告那位街坊逼死了赵老头，与他打了好几年官司。那位街坊被拖得筋疲力尽，花了一大笔银子才将此事摆平。

事情真相很快就透露了出来，原来赵老头因为负债累累，家产典当一空后走投无路，就预先服了毒，来到尤老翁的当铺吵闹寻事，想以死来敲诈钱财。没想到尤老翁并没有以怒制怒，而是一忍再忍，明显吃亏也不与他计较。结果赵老头只好赶快撤走，在毒性发作之前选择了另一家。

如果在赵老头来寻衅滋事的时候，尤老翁不能控制自己的情绪，以怒相对，那么最后摊官司的肯定就不会是另一家店了。事后，有人请教尤老翁，怎么会料到赵老头有以死进行讹诈这一手？尤老翁说："我并没有想到赵老头会走到这条绝路上去。我只是根据常理推测，若是有人无理取闹，那他必然有所凭仗。在我当伙计的时候，我爹就常对我说'天大的事，忍一忍也就过去了。'"

——摘自《中国历史上的厚与黑》作者：潘慧生编著 中国档案出版社 2006.8.1

一些别有用心的人有时故意使用一种"激将法"，来诱使对方中计。所谓"激将"，就是刺激你的情绪，让你在情绪躁动中，失去理智，从而犯错。因为人在心智冷静的时候，大都不容易犯错。但是没想到，对方却镇定自若，不理不睬。在这个较量过程中，发怒的人很明显地输了。看来，打倒一个愤怒的对方，没有比冷静更好的办法了。

楚汉之争时，项羽将刘邦的父亲五花大绑于阵前，并扬言要将刘公剁成肉泥，煮成肉羹而食。项羽意在以亲情刺激刘邦，让刘邦在这种压力下，自缚投降。但是刘邦非常聪明，也很冷静，没有为情所蒙蔽，他忍住了父亲被害的悲痛，他的理智战胜了一时的情绪。

项羽根本没想到，以致无策回应，只能潦草收兵。

与此相同的是，三国时诸葛亮和司马懿祁山交战，诸葛亮千里劳师欲速战。司马懿看穿孔明急于求战的心理，因为蜀军远征，粮草供给线过长，时间越久越对蜀军不利，所以他便以逸待劳，坚壁不出，以空耗蜀军士气，然后伺机取胜。

诸葛亮面对司马懿的闭门不战，无计可施，最后想出一招，送一套女装给司马懿，以羞辱他闭门不战宛若妇人。这是一般人根本无法忍受的侮辱，可司马懿毕竟非同一般，他落落大方地接受了女儿装，情绪并无影响，还是坚壁不出，诸葛亮无计可施，最后身死五丈原。

很多吃过这样的苦头的过来人给我们提出了这样一个忠告：不要因为别人发怒，你便心情不好，情绪不稳定，相反，这个时候正是你应当心平气和的时候。

一个人成熟的标志就是能够控制自己的情绪，但是这并不是与生俱来的能力，而是需要靠后天去慢慢地修炼。当你想发怒的时候，你不妨设想这样会发生什么样的后果，这样到底会不会损害你的利益，损害的利益有多大。如果你能真正地意识到发怒只能把事情搞砸，而绝对不能把事情完美解决的话，你就会好好地约束自己的情感，好好地控制自己的情绪。

不要因为别人发怒，你便怒不可遏，要知道那正是你应当冷静平和的时候。如果你也受其影响，愤怒不已，正好落进了别人给你设好的圈套，因为你在愤怒中的所作所为都是对方渴望看到的。你的愤怒只会让你输得更惨，其他没有任何益处。

心气平和，才能立于不败之地

豁达是一种人生境界，是一种人生态度，是一种健康的待人处事方式。要想自己生活得快乐，要使别人对自己充满好感，我们在与人交往时，就应该凡事看开一点。

与人相处时，大家难免开一些玩笑，但一些气量小之人，常因对方的玩笑无意中伤了自己的自尊而大发雷霆，以致双方都很尴尬。

小李是位个性开朗的青年，经常喜欢开别人的玩笑。但大家基于同事的关系，有时即使听到让人不怎么舒服的玩笑，为了不想发生不必要的冲突，总是能忍则忍，避免日后相处尴尬。

有一回，小李对一位女同事说："我昨天参加朋友的婚礼，新娘长得很像你，同样都是美丽动人，可是对方年纪轻轻的就嫁掉了。我什么时候才可以喝到你的喜酒呢？"

小李的话还没说完，当场就引起女同事的不悦，她狠狠地发了一顿脾气，一点都不像平常那个温柔的女孩，让在场的同事都吓了一大跳。

大家不免好奇，个性温和的她，到底为了什么而大发雷霆？原来她刚与交往多年的男友分手，心情尚未恢复平静，一听到小李的发问，让年纪老大不小的她顿时觉得有种被侮辱的感觉，一时气愤难平。

其实，小李并没有恶意，对她分手的事也不知情，但说者无心，听者有意，很多的争执不就是因此发生的吗？

不过，从另一个角度来说，有很多事其实没什么大不了，有人却看得非常严重，经常是暴跳如雷，而且怀恨在心。

有些人之所以觉得事态严重，多半是忍受不了别人的嘲笑。在好胜的自尊心作祟下，便用发脾气来表示自己的不满，结果是愈来愈糟，不但无济于事，还会引起更大的误会。

泰戈尔说："当人微笑时，世界爱了他；当他大笑时，世界便怕了他。"

微笑可以化解一切争端，能够消除冲突；它能平息我们的怒火，有效缓解心中的闷气。

所以，当我们遇到别人开我们玩笑时，无谓的反击或生气，只会让对方自以为占到便宜，继续挑起他下次的兴趣。反之，如果能不为所动，或者用释怀的心情面对，对方反而会知难而退。

其实，人的烦恼一半源于自己，即所谓画地为牢、作茧自缚。芸芸众生，各有所长，各有所短。争强好胜失去一定限度，往往受身外之物所累，失去做人的乐趣。只有承认自己某些方面不足，才能扬长避短，才能不因嫉妒之火而吞灭心中的快乐。

为了让自己活得更快乐、潇洒，何不放松一下自己的心情，就算偶尔充当别人的笑话来源，不也是调剂自己生活的一种方式吗？

毫无疑问，"心气平和"是被人称道的。生气归根结底是一种情绪，它与理智永远是对立的，它们就像一枚硬币的两面，总是不可避免地纠缠在一起。具体体现在人身上时，它们总是演绎着成功与失败、完美和缺陷的戏剧。一个爱发怒的人，常常不是被别人打败，而是自己打败了自己；而保持平和之人，则能因冷静与和气，而立于不败之地。

洛克菲勒在某案件中受审时，在面对对方的询问时持平和的态度并做不露声色的答复，使他赢得了这场官司。那个质问的律师因为无法控制自己的情绪，表现得很不冷静，最终使洛克菲勒赢得了这场官司。

"洛克菲勒先生，我要你把某日我写给你的那封信拿出来！"那位律师用一种很粗暴的声音说。这封信是质问关于美孚煤油公司的许多事情，然而这些事情那个律师在法律上并无权力去质问。

"洛克菲勒先生，这封信是你接的吗？"法官问。

"我想是的，法官。"

"你回那封信了吗？"

"我想我没有。"

然后他又拿了许多别的信出来，也照样宣读了。

"洛克菲勒先生，你说这些信都是你接的吗？"

"我想是的，法官。"

"你说你没有回复那些信吗？"

"我想我没有，法官。"

"你为何不回复那些信呢？你认识我，不是吗？"那位律师问。

"啊，当然！我从前是认识你的！"

洛克菲勒所答复的这句话如此之明显，以致那律师气得差不多要发疯了。全庭寂静得毫无声息，而洛克菲勒坐在那里丝毫不移动一下。

"不要因为别人发怒，你便怒不可遏。要知道那正是你应当平和的时候。"这就是这个故事给我们的启示。

下次，当你想要发怒的时候，应该先想想这种爆发会产生什么影响。如果你知道发怒必定会有损于你的利益，那么最好约束你自己，无论这种自制是怎样的吃力。

第六章

随和的人拥有适可而止、知足常乐的满足心态

　　古话说得好：知足常乐。人的烦恼，大多因为一些琐事而生，只有用知足的心态去简单地看待生活，果断地放下各种负担，才会活得潇洒、从容。知足是一种心灵的净化，是一种平和的心态。知足是一种积极、乐观、向上的生活态度。也许你的经济条件不如人，但你不奢求华屋美厦，不垂涎山珍海味，不追时髦，不扮贵人相，过一种简朴素净的生活，就证明你的内心是充实而富有的。选择了知足，就是选择了幸福，就能活出一份精彩的人生。

知足的人才能常乐

知足就是一个人自觉协调内心无限欲望与现实有限条件两者关系的过程，它用什么来协调？用"知"来协调。足不足是物性的，而知不知则是人性的。以人性驾驭物性，便是知足；让物性牵制人性，就是不知足。足不足在物，非人力所能勉强，知不知在我，非贫富所能左右。是的，知足是一种心态的宁静与平和。欲壑难填，只有心灵知足才能常乐。

人不能没有欲望，没有欲望就没有前进的动力，但人不能有贪欲，因为，贪欲是无底洞，你永远也填不满。对付贪欲的最有效的方法是知足常乐。

"我为什么不快乐呢？我每天都能讨到填饱肚子的食物，有时甚至还能讨到一截香肠；我每天还有这座破庙可以挡风遮雨；我不为其他的人做工。我是自己的上帝。我为什么不快乐呢？"杰姆这样回答那些羡慕他的人。

但是有一天，杰姆脸上的快乐突然丢失了。

什么原因呢？原来是有一天，杰姆在回破庙的路上捡到一袋金币，准确地说是99块金币。

不用说，捡到金币的那个晚上，杰姆是最最快乐的了。"我可以不做叫花子了，我有了99块金币！这够我吃一辈子啊！99块，哈！我得再数数。"杰姆怕这是一个梦，杰姆不敢睡觉。直到第二天太阳出来时他才相信这是真的。

到了第二天，杰姆很晚也没有走出破庙，他要把这99块金币藏好，这真的需要费一番功夫。"这钱不能花，我得攒着。我要是拥有100块金币就好了。我要拥有100块金币。"从来没有什么理想的杰姆现在开始有了理想。他还需要一块金币，这对一个叫花子来说，绝对是一个非常远大的理想。

一直到晌午杰姆才出去讨饭，不！他开始讨钱，一分一分的。中午他很饿，他只讨了一点儿剩饭。下午，他很早就"收工"了，他得用更多的时间守着他的金币。

"还差97分。"晚上他反复地数着他的金币，他开始忘记了饥饿。

杰姆就这样度过了好几天，他就再也没有吃饱过，同时也再没有快乐过。

讨饭越来越难。难的原因一是别人愿给剩饭而不愿给钱，还因为杰姆用来讨钱的时间越来越少了，当然也因为他不快乐了，别人也不愿再施舍给他了。

"杰姆，你为什么不快乐了？"

"咱是叫花子，快乐个啥！"

杰姆越来越忧郁，越来越苦闷，也越来越瘦弱了。终于有一天，杰姆病倒了。这一病杰姆就几天也没有起来。这几天里杰姆就想着一件事：还差16分就100块金币了。

"杰姆，你没有收到我的金币吗？"突然，一个富商找到破庙里的生命垂危的杰姆。

"什么？"杰姆惊问。

"杰姆，你的快乐，是你的快乐救过我。三年前，我在一次买卖中赔尽了家产。我正准备自杀，我见到了快乐的你，我明白了身无分文的人也能快乐地生活。后来，我就东山再起了，赚了很多钱。那一次，我带着99块金币出来游玩，见到你，就把钱丢到了你要走的路上。可是现在为什么还做叫花子呢？为什么不快乐呢？生了病为什么不拿钱去看医生呢？"

"我想拥有100块金币。还差16分，就差16分。"

富商从腰里取出一块金币给他。杰姆接过钱，把钱装进袋子里，然后又全部倒出来，很细心地数——他终于有100块金币了，对了还有84分。

杰姆笑了，然后就昏倒了。

这时一个游僧路过这里，见到昏倒的杰姆，向富商阐明了情况，便说："这下完了！"

"怎么了？"

"因为他有了99块金币的时候，就会希望有100块金币。这就是每个人都不可避免的贪欲，贪欲赶走了他的快乐。你要救他，你得向他索回那99块金币，这样他或许有救。现在，你反倒满足了他的欲望，重病的他就失去了支撑下去的动力了。你开始时给他99块金币，你使世界上少了一个天使；你又给他一块金币，这就使世界上少了一个生命。"富商试了试杰姆的鼻子，杰姆果然什么时候都不会快乐了。

——摘自17K小说网《第五十六章 欲望越小人生越幸福》2010.4.10

人的欲望无止境，只有放下可怕的欲望，才能获得更好的生活。如果一个人放下欲望，能知足，就会像快乐的叫花子一样。但一个人如果得到了一些东西，会增强其欲望，想要的更多，就会失去快乐，就像获得了金币的叫花子。

从前，有个非常有钱却很吝啬的贵族，他最高兴的事情就是发财，但是如果让他为别人花一个小钱，他都会非常不高兴。大家都管他叫吝啬鬼。而这个吝啬鬼最发愁的是明天赚不到大钱，最担忧的是子孙将来守不住他的财产。这些忧愁常常搅得他吃不香、睡不着。

一天，都城来了一个修道的圣人。很快百姓就传开了，说这个圣人可以满足任何人的任何愿望。贵族一听，高兴坏了，心想一生中的最大愿望就要实现了。他立即来到圣人住的庙里，把自己的愿望告诉圣人。圣人说："你的愿望一定能够实现，不过有一个条件。"贵族吓了一大跳，怀疑圣人是想叫他施舍财物，可他又想，自己的最大愿望就要实现了！管他提什么要求呢！一咬牙说出了平生从来没说过的话：“什么条件？圣人啊，请说吧，我一定会照办的。”

圣人说：“你家旁边住着一户人家，家中只有母女俩。明天你给她们送一点粮食去。”贵族心想，这比起他要实现的最大愿望，简直算不上什么，于是，高高兴兴地答应了。

他拿着一小袋粮食来到那户人家里的时候，那母女俩正快快乐乐地忙着干活。他对母女俩说：“请收下这点儿粮食吧，这样你们就有吃的了。”那母亲说：“谢谢你，今天我们有粮食吃，我们不要，你拿回去吧！”贵族说：“过了今天，还有明天，你们留着明天吃吧！”那母亲却坦然地说：“明天的事我们不担心，我们从不为明天的事情发愁，天无绝人之路，老天爷不会让我们饿死的！”说完，她又埋头干活去了。

听了这话，贵族先是惊愕，接着似乎恍然觉悟。他感到无地自容，赶快离开穷人家，来到圣人那里，非常恭谨地行了个礼，说：“圣人啊，我感谢您满足了我的最大愿望，是您给了我幸福的钥匙，说真的，不知足的人在这个世界上是永远不会找到幸福的。”

——摘自老了老了的博客《什么是幸福》2006.3.1

知足者常乐，不知足者常忧。他要是不知足，就永远不可能获得幸福；他要是知足，幸福就会不请自到。贵族一直在找幸福，他以为幸福的钥匙在圣人手中，没想到这把钥匙竟在穷邻居那里，他从穷邻居的言谈中悟到了幸福的真谛——珍惜所拥有的，不去奢求那些遥不可及的或者本不属于你的。

由此可见，人之所以不幸福，就是没有知足心。每个人对幸福的感觉和要求都不相同，一个容易满足、懂得知足的人才更容易得到幸福。古语说得好：“井水万担，用水一瓢；大厦千间，夜眠六尺；黄金万两，一日三餐。”千万不要犯“人心不足蛇吞象”的错误，那样永远难以快乐。

洗洗蠢蠢欲动的心

在如今这个五光十色的社会中，权力、金钱、美色如同一把把利剑高悬于我们的头顶，我们在动心的同时，也要警告自己那是有风险的。在诱惑面前应该适可而止，减少一点欲望，才不会葬送自己。因此，对于蠢蠢欲动的心要经常"洗"。

一天，鱼爸爸问小鱼们："如果看到鱼钩上挂着一条又肥又嫩、肉质鲜美的蚯蚓，你们会怎么办呢？"

小鱼听了都绞尽脑汁地想办法，都想既能吃到美食又不至于丢掉性命的方法。到底有没有两全其美的办法呢？

小鱼A说："我会咬住蚯蚓的一端，使劲猛扯一下，把蚯蚓从钓钩上撕扯下来。"

小鱼B摆着尾巴，得意扬扬地说："我会小心地躲开钩，慢慢吞食蚯蚓。"

小鱼C说："我会猛地吞掉钓钩上的美食，然后快速将钩吐出来。"

鱼爸爸听完赶忙摇头，将它们的答案全部否定了，它意味深长地说："孩子们，不要和诱惑较劲啊，不要总想怎样吃掉美食，而应该离它越远越好。"

与此故事所阐述的道理相同，某大公司准备高薪聘请一名小车司机。

经过层层筛选，只剩下3名技术最优良的竞争者。

主考者问他们："如果悬崖边上有块金子，你们开车去拿，觉得能距离悬崖多近而又不至于掉落呢？"

"两米。"第一位应聘者说。

"半米。"第二位自信十足地说。

第三位应聘者说："我会尽量远离悬崖，愈远愈好。"结果第三位应聘者被公司录用了。

现实生活中，到处都有诱惑，很多人为了满足欲望，经不住诱惑而以身试法，以至于落得失去自由或丢掉性命的下场。比如，有些高官因贪污而纷纷落马，有些会计人员为了得到好处，公然给公司做假账，企图偷税、漏税。还有些道德败坏的人，为了金钱，偷窃、抢劫，扰乱社会秩序，也葬送了自己的人生。

诱惑是一个打扮得花枝招展、性感妖娆的美女，表面上看起来美若天仙，殊不知，她通常是笑里藏刀，内心在打你的坏主意。如果你没有足够的克制力，抵不住诱惑而被勾引，那么结果你很可能会遇到麻烦。

有这样一则故事：有个人即将离开人世，不知道死了之后去天堂好，还是去地狱好。于是他买了贵重的礼物去看望阎王，想打听一下是天堂好还是地狱好。阎王见他诚意十足，就带他到天堂和地狱各转了一圈，由他自己决定。

在地狱门口，他看到一群穿着比基尼泳衣的美女在海滩上嬉戏，十分迷人，他禁不住想入非非，热血沸腾。然而，在天堂中他看到的是一位神圣的不可侵犯的仙女，虽然漂亮，但是无法接近。经过思考，他决定去地狱。

过了一段日子，阎王在地狱碰到这个人，只见他正在受酷刑，痛苦万分，惨不忍睹。阎王问："感觉如何？"那人答道："太苦了。早知道地狱是这样，我才不会来呢。"阎王说："你先前看到的美女是地狱门前的一幅广告画。"

确实，诱惑就是地狱门前的广告画，如果你没有理智，没有判断是非的能力，没有抵制诱惑的心态，很容易被美好的广告画诱骗。因此，学会抵制诱惑是走向成熟必须掌握的能力。

没错，是人都有欲望，我们必须承认自己的七情六欲，不去否认，不去鄙视。人是由欲望驱动的，没有欲望的人，是死人。欲望是生命的本能，是生命存在和繁衍的必要条件。事实上，欲望如同一把火焰，可以煮饭、暖身，利于我们在自然的、生理的、本能的欲望中提升自己，也有利于转化为对社会的职责，但欲望这把熊熊的烈火也可能会把我们烤焦了，严重的，甚至会烧为灰烬。

当欲望来临，我们若控制不住，无法驾驭，随欲望纵情，我们就容易被欲望拖着，被它摆布，而成为欲望的奴隶。当我们耗去很多精力去满足这些欲望，结果却难以如愿，得不偿失，这才是可悲的。

欲望是无法被完全满足的，满足的一刹那同时也是下一个欲望的开始。正因为这样，我们要努力管理好自己的欲望，适可而止，不去压抑，不去放纵。静下心来问自己，什么是自己所求？什么是能求的？什么是自己不可求而又想求的？什么是可求可不求的？想清楚了，再去想自己有没有能力去承担追求这些时可能产生的问题和结果，无论成败，都愿意为之付出，并愿意为之承担一切的责任。"一个成熟的人，是向自己所有的发生负责任"。清楚了这些，就可以开始管理自己的欲望了。

王阳明写过一本书，里面有一段记载说：有一个名叫杨茂的人，他是个聋哑人，阳明先生不懂得手语，只好跟他用笔谈，阳明先生首先问："你的耳朵能听到是非吗？"答："不能，因为我是个聋子。"问："你的嘴巴能够讲是非吗？"答："不能，因为我是个哑巴。"又问："那你的心知道是非吗？"但见杨茂高兴得不得了，指天画地回答："能、能、能。"

于是阳明先生就对他说："你的耳朵不能听是非，省了多少闲是非；口不能说是非，又省了多少闲是非；你心知道是非就够了。"倒有许多人，耳能听是非，口能说是非，眼能见是非，心还未必知道是非呢！你我都可能如此，虽然耳能听、口能说、眼能见，而心还未必知道是非！

你为什么那么痛苦，就是因为你太执着，看不开也放不下，自然把自己给绑死了，而不得解脱，若能看开了、放下了，就不至于如此。

如何创造幸福人生？为什么用创造，而不用追求？因为创造主权在我，而追求，往外追、往外求，万一追不到、求不得，烦恼还是要来的。快乐幸福才是真的，学问好、名位高、财富多，也是为了快乐。假使你拥有了一切，而丧失了自己，那还是非常的痛苦，这叫本末倒置，舍本逐末，效果不彰。所以快乐、幸福非常重要。

快乐是要自己快乐，让别人来分享你的快乐。有形垃圾容易处理，无形的垃圾最难处理。什么是真正的垃圾呢？怨、恨、恼、怒、烦，这才是真正的垃圾，假若今天你把这些垃圾，请垃圾车全部带走，你今天就是快乐的。

少一分计较，多一分幸福

　　每一个人来到这个世界上的时候，没有带任何的东西；同样，离开这个世界的时候，任何的东西也不能够带走。所以，一个人只要有衣穿，有饭吃就应当知足，最好别什么事情都斤斤计较，开心是过一天，烦恼还是过一天，那为何不让自己开开心心、平平安安地过上一天呢？

　　人们常说做人难，因为人与人之间总是隔着一堵心墙。这样一来，在人生长河中，总会时不时地卷起误会的旋涡，稍有不慎便会令人深陷其中。生活中，千万不要戴着有色眼镜看别人，能以一颗不计较的心去对待他人，那么，人世间必将减少许许多多误会的旋涡，必将绽放许许多多美丽的花朵。

　　许多人觉得人与人之间只有敌对的关系，人与人之间的关系只是为了竞争而进行不断地对抗。在商界和运动竞技场上，"对手"可以是正面的观念。然而，当其中渗入了人类自私的态度和行为，就会成为有害的想法。这样的观念，更不应该出现在婚姻或朋友中。

　　例如，当夫妇之间想要在事业上超越对方，或是在其他方面占优势，这段婚姻一定会出现问题。人们结了婚，难免会为生活中琐碎的事争个不休。如果某一方赢了，就会在感情上产生距离。不去争谁输谁赢，这才是夫妻相敬如宾的真谛。

俗话说，"没心没肺，活得不累"。尘世中，人们之间为了争谁是赢家，互相撕破脸皮，结果是两败俱伤。人之所以会痛苦，就是计较得太多，所以人们宁愿让自己不快乐，也不愿意放弃争斗。

这个世界没有无缘无故的爱，没有无缘无故的恨。助人就是助己，你能为别人着想，别人也会给你同样的回报。其实，把每天都能当成一个新的开始，不去计较那么多，那该有多好。也许，不分输赢，一切关系才能真正长久。

有一位小伙子出差北方时带回一些玉米良种，但他摸不透这种子是否真的能高产，便在自家的责任田里试种了一块地。结果到收获时，这块地里玉米的产量比往年翻了一番，小伙子高兴极了。

村民们都知道了这事，纷纷来到小伙子的家，要求购买他的玉米良种，可无论怎么跟他说，小伙子就是不答应出售这些玉米种子。村民们见小伙子执意不肯，只好作罢。

第二年春天，小伙子将自家的责任田全都种上了这些玉米良种，等待着一个丰收季节的到来。谁曾想事与愿违，这一年他家的玉米不但没有丰收，而且比过去普通玉米种子的产量还要低。小伙子百思不得其解，甚至怀疑是村民们没有得到玉米良种，暗中对他家的玉米动了手脚。

有一次，乡里的一个农技员来到这个村，听说了此事，并去实地看了看，然后对小伙子说："这是良种玉米接受了附近普通玉米的花粉所致，假如大家都种上了良种玉米，就不会出现这种结果了。"

小伙子这才醒悟，感叹道："帮人就是帮自己啊！"

许多人觉得施舍是富人的事情，一个普通人很难对社会施舍点什么的，其实不然，无论贫富，人人都可以进行施舍。施舍并不限于钱财，哪怕一点点善举都可以让自己对周围环境做出力所能及的改变。有一句话说得好："施比受更有福。"只有我为人人，人人就会为我，一个人多一份奉献，世界就多一份美丽。

有两位贫穷的父亲，各自送自己的孩子到一位画家那里学画。

一位父亲教导孩子说："孩子，你要记住那些侮辱、轻视、嘲弄过你的人，好好学画，将来有出息后，去狠狠报复他们。"

另一位父亲教导孩子说："你要记住那些怜悯、同情、施舍过你的人，好好学画，将来有出息后，去好好报答他们。"

两个孩子从师学画后，都很努力，深得画家的喜爱。画家最擅长画神像，便教两个孩子学画神像。

几年后，他们画的画便有了分晓。那位心存感恩的孩子，画的神像总笼罩着一层祥和、纯洁的光辉，深受人们的喜爱和推崇。父亲看了他的画之后，激动地说："孩子，我终于看到了，看到了你用这种最好的方式报答了你要报答的人们，你用神的光辉沐浴、净化了人们的心灵。"

然而那个心怀仇恨的孩子，画的神像总放射出一种凶恶而阴森的光芒，让人不寒而栗，避而远之。父亲看了他的画之后，心有不甘地说："你怎么画不出像那个孩子画的神像呢？"这个孩子痛苦地说，他在画神像时，总会出现那些侮辱、轻视、嘲弄过他的人的面孔，挥之不去，所以画出的眼睛、鼻子、嘴唇等都是他们的，都是一张张令他仇恨的脸谱。父亲听了孩子的话后，不由长叹了一声："唉，报复别人终于报复了自己啊！"

一个人可能不清楚自己生命的状态如何，然而，你用怎么样的态度对待别人，别人就用怎样的态度来对待你。生活中，"为富不仁""见利忘义"的人比比皆是，最终走进死胡同；相反，不为蝇头小利所惑，能为大家着想，这样人的道路越走越宽阔。

人很善良，常常把宽容给了陌路，把温柔给了爱人，却忘了给自己留一点。有一句话很有用，叫"没什么"。对别人总要说许多"没什么"，或出于礼貌，或出于善良，或出于故作潇洒，或出于无可奈何，或是真不在意，或是别有用心。不管出于什么，谁让生活有那么多不尽如人意之处？如果你要劝解自己，也要学着这么说。缺少阳光的日子很忧郁，你要学会说"没什么"，失去朋友的生活很寂寞，你要学会说"没什么"。自己已经很累了，他需要一种真诚的谅解，说句"没什么"，对你自己，对自己疲惫的心灵。这么说着，并不是让你放纵所有的过错，只是渴求自拔；也不是决意忘怀所有的遗憾，只是拒绝沉溺。当然，要自己劝慰自己才管用。

人之所以不快乐，就是计较得太多。不是我们拥有得太少，而是我们计较得太多。不要看到别人过得幸福，自己就有种失落和压抑感。其实，你只看到了别人的表面现象，或许他过得还不如你快乐。

世界上没有完美无缺的东西，不完美其实才是一种美，只有在不断地争取和放弃中，不断地承受失败与挫折时，才能发现快乐。

"比海更宽的是天空，比天空更大的是人的心灵。"生活不论如何磨人，如何将你压缩在一个四方的小盒子里，但思维的空间是不受限制的，心灵的视野没有藩篱，无比宽广，任你驰骋。让我们记住：少计较才能多幸福。

生活因简单而幸福

人生苦短，精力有限。可是我们每一个人手中总握着许多"气球"，比如名利、财富、权势、地位、爱情等。为了达到我们更远大的目标，最大化地实现我们的人生价值，必须放飞手中的气球，一心一意去追求。只有放弃它们，我们才能腾出更多时间去创造，从而赢得成功。

我们每个人都有自己的优势，可是现实生活中并不是所有的人都能取得成功。原因是我们耽于外物的时间与精力太多，因此如何把我们的优势转化为成功的机会尤为重要。换句话说，我们唯有善于积蓄、发展优势，使优势与机遇拥抱，才能赢得成功。

一个人如果仅仅陶醉于一时的优势之中，或目空一切，或不思进取，结果有限的优势将很快消失殆尽，即使有机遇迎面而来，也无法相握，只能白了少年头，空悲切。

20世纪20年代，美国珠宝大盗贝利，几乎人人皆知。他偷盗的对象，都是有钱、有地位的上流人士。他还是一位艺术品鉴赏家，曾经拥有"绅士大盗"的美称。

后来，贝利因偷盗被捕，被判刑18年。

出狱后，全国各地的记者都纷纷前来采访他，其中，有一位记者问了一个有趣的问题："贝利先生，你曾偷了许多很有钱的人家，我想知道，蒙受损失最大的人是谁？"

他不假思索地说："是我。"

记者们莫名其妙，他就接着解释道："以我的才能，我应该能成为一个成功的商人、华尔街的大亨，或者是对社会有贡献的一分子；但我不幸选择了做小偷，成了一个向自己偷盗东西最多的人——各位都知道，我生命中1/4的时间，是在监狱里消耗掉的。"

人生就是一场场搏斗，我们可能会常常失败，但是，在失败中的我们又如何去面对呢？如何从失败中生活呢？今天，我们认清自己了吗？认清我们的地位和身份了吗？尽上我们的本分了吗？我们是否已彻底将自卑、无自信、自觉无用、自怜、坏习惯、过去灰色的影子、过去不幸家庭的包袱、失败的创伤都彻底割走了？我们是否仍被过去失败的阴影缠绕着，无法解放出来？

其实我们原本可以不需要很多的，那都是我们的欲望而不是必需。平静而快乐地活着，生命才轻松而有意义。

卡文迪许出身贵族，拥有"爵士"封号，还拥有大笔存款，是英格兰银行的最大客户。但他终身不娶，不理衣着，全心致力于科学研究，无暇顾及生活琐事。他的衣服大多是旧式的，满是褶皱，甚至连扣子掉了也不理会。

一次，他到皇家学会去，顺便穿了一件在实验室工作时被硫酸烧坏了的破大衣，以致被认为是个流浪汉，门卫说什么也不肯让他进去，待他通报了姓名，学会的职员才连连道歉，请他进去。

平时，他吃的也很简单，就是偶尔请科学家吃饭，一般也只是一条羊腿。仆人笑着提醒他，一条羊腿不够五个人吃，他才改口说："那就准备两条吧！"

人们问他："你那样有钱，为什么又那么'寒酸'呢？"

他自信而无愧地说："我认为科学家的时间应当最少地用在生活上，而应当最多地用在科学上。"

著名物理学家彼埃尔·居里说过："我们不得不饮食、睡眠、游戏、恋爱，也就是说，我们不得不接触生活中最甜蜜的事情，不过我们必须不屈服于这些事情，在做这些事情的时候，我们仍须保持我们一心从事的一些思索，使它们仍然处于优越地位，使它们在我们的可怜头脑中继续冷静地进行。"

放弃生活中的奢华吧，追求更高的目标才能拥有更好的生活，也才能在人生中赢得更大的超越。当然这都是生活中的小事，但同样有不少人把不经意的小事装在心里，寝食难安，成为影响自己的消极情绪。

孟子说："天将降大任于斯人也，必先苦其心志，劳其筋骨，饿其体肤，空乏其身，行拂乱其所为。所以动心忍性，增益其所不能。"面对各种诱惑，只要不乱心性，专心致志，就可以接受天将降之大任了。

大学毕业后，由于没有关系，他被分到了离家很远的一所乡村小学教书。远离家人的苦闷、工作生活的不如意，总之，很长一段时间，他的心情糟糕透顶了。一天下午，他在校园里捡到了一只闲弃的小铁盆，已经锈迹斑斑、破烂不堪了，但因为可以盛垃圾，他就把它带回去，放到了宿舍门口。许多天后，一个雨后清晨，他打开门，意外地发现就是这只又脏又破的小盆，竟然接了满满的一盆雨水。小盆被冲洗得干干净净，盆里的水清可见底。

那一刻，他简直不敢相信自己的眼睛。在这以前，他一直都认为这是一只被人丢弃的小盆，没有多大用处的。有谁会想到，它虽又脏又旧，而身上竟连一个小小的洞眼都没有啊！从这一天起，他改变了对生活的态度，不再抱怨、不再消沉，而是认认真真地给孩子们上课，认认真真地生活和做人。几年后，他由于成绩斐然，被市里一所最好的小学调了过去。在众人诧异的目光里，他舍弃了在别人看起来极有用的东西，却带走了那只小盆，没有人知道什么原因，只有他自己深深地明白这其中的缘故。

在一个人的生命中，有许多东西可以改变命运。如果不是那只小盆，他的生活或许会是另一副样子。一个人，不论身处何种环境，遇到什么样的困难，都应该用坚定的信念和坚韧的态度默默地等待黎明的到来和鲜花的盛开。

生活中，谁都会遇到挫折、困难、贫穷乃至饥饿，但只要你的希望之灯不灭，美好憧憬犹在，把那生命的种子留下，你就能克服暂时的困难，去积累一桶桶金，最终获得幸福的生活，达到生命的巅峰。

从前有个孤儿，过着贫穷的日子。这年刚刚进入初冬，他的全部口粮只剩下父母生前为他留下的一小袋豆子了。但是，他强忍住饥饿，把那一小袋豆子藏了起来。之后，他全靠拾破烂勉强糊口。尽管如此，在他心中总有一株株绿得诱人的豆苗在旺盛地生长。他在梦中也似乎真的看见了来年那些饱满可爱的豆荚。因此，在那个漫长而寒冷的冬季里，他虽然多次险些饿昏过去，却一直不愿去打开那一袋豆子，他知道，那是希望的种子，生命的种子啊！

苦日子就这样熬过了一冬。第二年春天来了，孤儿把那一小袋豆子播种到地里，再经过一个夏天的辛勤耕耘，到了秋天，他果然收获了数十倍的豆子。丰收过后的孤儿并没有就此满足，他还想获得更多更多的豆子，以及更多更多的幸福。

于是，他把收获的豆子又留下来继续播种、耕耘、收获。就这样，日复一日，年复一年，种了又收，收了又种。几年过去了，孤儿的房前屋后、田边地角到处长满了喜人的豆苗，屋里囤满了成包的豆子。

后来，孤儿告别了贫困，成为远近闻名的富裕户。不久，他娶妻生子，过上了人人美慕的幸福生活。再后来，他和妻子一面继续种豆，一面学做豆制品，不到40岁，成了大富翁。

生活本身是美的，是值得去追求的。然而，生活之美又是携带着先天的缺陷来到你面前的，你在征服它的美丽的同时，必须征服它的缺陷。人生的旅程的确短暂，一个人不应该陷于不必要的生活矛盾中，反而忽略了生存的意义。让我们学会对没用的气球松开手，让它们自由地飞去，这样，我们的生活才会因为简单而幸福。

对于欲望要适可而止

人的一切烦恼和痛苦都是与太强的欲望分不开的。不懂得适可而止，过分的贪婪是一种顽疾，极易使人成为它的奴隶，变得不可自拔。

人的欲念无止境，当得到不少时，仍指望得到更多。一个贪求厚利、永不知足的人，最终祸害的将会是自己。

在中国历史人物中，三国时期的曹操当数枭雄之一。他之所以能力挫群雄统一北方，这与他卓越的政治、军事才能是分不开的。在历史上，他被誉为"治世的能臣，乱世的奸雄"。鲁迅先生对之也有较为客观、公正的评价："说到曹操，人们立刻会想到《三国演义》，而且他长期扮演奸恶的角色，舞台上也常被当做奸臣的象征，然而这并不是观察曹操的正确方法……。曹操确实是非常有能力的人物，至少是个英雄。"

鲁迅先生尚给予如此高的评价，那么足见曹操身上自有其闪光和杰出的地方。大致归纳一下，如下几点或许可以代表他的实绩：一是任人唯贤、知人善任；二是擅长战略战术，并能以身作则、身先士卒；三是极富有决断力。前两者不独为曹操所拥有，至于第三点，曹操做的的确很出色。每逢起兵打仗，或周旋于政治舞台，他一看形势不对，就决不勉强、硬撑，而是见风使舵、及时避险。换言之，他懂得"适时而止，适可而止"。

有一次，他挥师进攻被蜀汉军占领的汉中，初战告捷后，正在思考下一步部署，此时大将司马懿进言道："应立即加紧进攻，乘胜追击，否则，就会延误歼灭刘备的时机。"司马懿的意思是乘势扩大战果，将大军推进到蜀地，消灭刘备蜀汉政权。然而曹操却说："人最苦于不足，既已得陇右，何须再贪蜀焉？"他的这句话是说：不要冒险攻蜀了，应见好就收吧。适时而止，不仅是一种战略，更是低调做人的智慧。

曹操遇事"适时而止，适可而止"，所以，得以维持住了政治、军事上的优势，最终奠定了曹魏的基础。不懂得适可而止，太贪婪常常使人不仅要忍受欲望的煎熬，还会渐渐迷失自己的生活方向。

有这样一则笑话：一个人路过一家珠宝店，急匆匆地走进去，当着众人的面就开始往自己的衣袋里装珠宝首饰，众人觉得此人太嚣张，就将他扭送到官府。县官问他为何如此大胆竟然当众偷东西，他却一脸的从容不迫："当时眼睛里只有珠宝，没有看到其他人。"

此人已经贪婪到"忘我"的境界，其结果只能是被捉。

有一位猎人，他有一个捉猴办法。他在墙中夹了一个竹筒，然后将一个鸡蛋放在竹筒的一端。猴子看见竹筒中的鸡蛋，就会伸手去抓，但是，当它用手握住鸡蛋时，便无法从竹筒里缩回手来。由于猴子贪心十足，舍不得放下手中的鸡蛋，只好束手就擒。

贪婪之心是猴子足以致命的弱点。

有一天，一只狐狸发现一个葡萄园，看着水灵灵的葡萄，不禁垂涎欲滴。可是，葡萄园外面有栅栏挡住，根本无法进入。狐狸眼望着诱人的葡萄，却不能进入园中，急得团团转。后来，狐狸一狠心，绝食三日。减肥之后，狐狸再次走到栅栏前，钻进葡萄园内，饱餐了一顿，然后，心满意足地准备离开。但是，由于吃得太饱，钻不出去了。无奈之下，狐狸只好又饿肚三天，减肥之后，才钻了出来。

狐狸的故事颇像我们的人生过程，人生下来的时候，两手空空，一生可能会得到很多东西，但是等到有一天撒手离去时，带不走任何东西。

做人应该学会满足，若不知足有时就连起码的东西都得不到。可是生活中的人们总是难改贪婪的习性，对于功名利禄的态度，一向是多多益善。比如当一个人有了一千块钱，就想拥有两千，有了两千还想有五千，然后想有一万，两万，这就是一个人的欲望，欲望没有止境。人们以为金钱越多越好，可是，事实真的是这样吗？当你永不满足自己现有的金钱的时候，就会想尽一切办法来增加自己的财富，结果必然会给自己带来无形的压力，失去一生的快乐。

聪明的人懂得满足，懂得适可而止。因为他们懂得知足者才能常乐。

欲望是最大的绊脚石

我们拥有的不是太少，而是欲望太多，因而欲望成为我们发展的最大的绊脚石。

从前，有两位很虔诚、很要好的教徒，决定一起到遥远的圣山去朝圣。两人背上行囊，风尘仆仆地上路，他们发誓不到达圣山朝拜，绝不返家。

两位教徒走啊走，走了两个多星期之后，遇见一位白发苍苍的圣者，这圣者看到两位如此虔诚的教徒千里迢迢要前往圣山朝圣，就十分感动地告诉他们："从这里距离圣山还有十天的脚程，但是很遗憾，我在这十字路口就要和你们分手了，而在分手前，我要送给你们一个礼物。什么礼物呢？就是你们当中一个人先许愿，他的愿望一定会马上实现；而第二个人，就可以得到那愿望的两倍。"

此时，其中一教徒心里一想："这太棒了，我已经知道我想要许什么愿，但我不要先讲，因为如果我先许愿，我就吃亏了，他就可以有双倍的礼物。不行！"另外一教徒也自忖："我怎么可以先讲，让我的朋友获得加倍的礼物呢？"于是，两位教徒就开始客气起来。"你先讲吧！""你比较年长，你先许愿吧！""不，应该你先许愿！"两位教徒彼此推来让去，"客套地"推让一番后，两人就开始不耐烦起来，气氛也变了："你干吗？你先讲啊！"

"为什么我先讲？我才不要呢！"

两人推到最后，其中一人生气了，大声说道："喂，你真是个不识相、不知好歹的人，你再不许愿的话，我就把你的狗腿打断，把你掐死。"

另外一人一听，没有想到他的朋友居然变脸，竟然恐吓自己。于是想，你这么无情无义，我也不必对你太有情有义。我没办法得到的东西，你也休想得到。于是，这一教徒干脆把心一横，狠心地说道："好，我先许愿。我希望——我的一只眼睛——瞎掉。"

很快，这位教徒的一个眼睛瞎掉，而与他同行的好朋友的两个眼睛都瞎掉了。

——《向稻盛和夫学经营》著译者：问道 华中科技大学出版社 2012.2.29

这原本是一件十分美好的礼物，可以使两位好朋友共享，但是人的"贪念"与"嫉妒"，左右了心中的情绪，所以使得"祝福"变成"诅咒"，"好友"变成"仇敌"，更是让原来可以"双赢"的事，变成两人瞎眼的"双输"。

晋代陆机《猛虎行》有云："渴不饮盗泉水，热不息恶木荫则。"讲的就是在诱惑面前的一种放弃、一种清醒。

在我们的现实生活中，也需要有一种放弃的清醒。其实，在物欲横流、灯红酒绿的今天，摆在每个人面前的诱惑实在太多，特别是对有权者来说，可谓"得来全不费工夫"。这就需要保持清醒的头脑，勇于放弃。如果抓住想要的东西不放，甚至贪得无厌，就会带来无尽的压力，痛苦不安，甚至毁灭自己。

人生是复杂的，有时又很简单，甚至简单到只有取得和放弃。应该取得的完全可以理直气壮，不该取得的则应当毅然放弃。取得往往容易心地坦然，而放弃则需要巨大的勇气。若想驾驭好生命之舟，每个人都面临着一个永恒的课题：学会放弃。

事实上，我们所拥有的，并不是太少，而是欲望太多；欲望太多的结果，是使自己不满足、不知足，甚至憎恨别人所拥有的或嫉妒别人比我们更多，以致心里产生忧愁、愤怒和不平衡；欲望太多，就成了绊脚石。

人都有欲望，也有善良的本心，引导自己的欲望适可而止，恰到好处地满足别人基本的欲望，而不损害他人的利益。可是人们常常害怕失去眼前的小利益，而对他人的内心需求却漠然不知，结果因此失去了更多的东西。

自私总是存在于每个人的心里，只是或多或少的问题。自私心理不是很严重的人，通常情况下不会影响到自己的工作、生活，而有的人却因为自私心理过重而影响到自己的事业甚至人生，这样是不可取的。自私是人生的绊脚石，当你的自私心理过于膨胀时，它就变成了你人生的拦路虎。

刚刚大学毕业的小林到一家跨国集团公司面试，经过一轮又一轮的筛选后，包括小林在内的5个来自不同地方的应聘者，从数百名竞争对手中像大浪淘沙一般脱颖而出，成为进入最后一轮企业面试的佼佼者。

可以说这5个人都是精英，彼此各有所长、势均力敌，谁都可以胜任所要应聘的职务。换句话说，就是谁都有可能被录用，同时又都有可能被淘汰。正是如此，使得最后一轮的面试更具有悬念，愈发显得激烈和残酷。

小林虽然身居众高手当中，但心里相对还是比较踏实的，凭借他有初试、复试、再复试中过关斩将那种所向披靡的势头，成功获胜对他而言似乎完全没有问题。于是胜利的自信和喜悦提前写在小林的脸上。

按照招聘公司的规定，所有面试者要在那天上午九点钟准时到达面试现场。面对如此重要的机遇，所有应聘人员当中不仅没有人迟到，还都不约而同提前半小时就赶到了现场。距面试时间还早，为了打破沉寂的僵局，这5个人还是勉强聚在了一起闲聊起来。面对眼前这些随时会威胁自己命运的对手，在交谈中彼此都显得矜持和保守，甚至夹杂着一点点冷漠……

就这样大家有一句没一句地聊着。忽然，一个青年男子急急忙忙赶来了，青年男子的到来成了小林等5个人毫无内容的话题的借口，小林他们纳闷并惊奇地看着这个前几轮面试中都不曾见过的青年男子。男子似乎觉得有些尴尬，主动迎上前自我介绍说，他也是前来参加最后的面试，由于太粗心忘记带笔了。于是问小林等几人是否有，想借用填写一份表格。

本来竞争就够激烈了，半道又杀出一位"程咬金"。小林等人相视无言，要是不借给青年男子笔不就可以少个对手吗，从而加大了这5个人成功的几率。于是小林等五人有心灵感应似的相互对视，最终没人出声，尽管大家都带有钢笔……

稍后那个青年男子看见小林的口袋里别着一支钢笔，眼前立时掠过一丝惊喜："先生，可以借你的笔用用吗？"小林显得手足无措，于是心虚地说："先生，对不起，我的笔坏了。"

就在此时，这5个人中一直沉默寡言的"眼镜"走过来递给那个青年男子一支钢笔，并礼貌地说："不好意思，刚才我的笔没墨水了，我掺了点自来水勉强可以写，你拿去用吧，可能字迹会淡一些。"

青年男子接过笔，十分感激地握着"眼镜"的手，弄得"眼镜"觉得不自在。见到这一情景，小林等其余4个人轮番用白眼对"眼镜"施以"注目礼"，不同的眼神传递着相同的意思——埋怨，大家都怪"眼镜"的一番义举让他们增加了一个对手。那个青年男子后来在纸上写了些什么，随即转身离去……

转眼间，约定的面试时间已经过去了20分钟，面试接待室却丝毫不见动静。小林等人终于按捺不住了，就去找相关负责人了解情况，谁料到从经理室里走出来的竟然是那位后来的青年男子："面试结果已见分晓，这位先生被聘用了。"那位青年男子搭着"眼镜"的肩膀微笑着对小林等人说，接着他又不无遗憾地补充了几句："本来，你们能过五关斩六将来参加最后的面试，已经很是难能可贵了。但是很遗憾，是你们不给自己机会啊！"

——摘自忘忧草的博客《［小说品读］一场特殊的面试》作者：周仕兴 2008.3.15

小林等人这才如梦初醒，可惜已经太迟了。自私的他们因为小小的私心，断送了本可属于自己的机会，"眼镜"却由于他的无私成了这次应聘中唯一的幸运儿。自私是和我们的思想成为一体的。只要有欲有求，就不可能没有自私的念头萌生。可是当自私心理过重时，它可能成为你人生当中的绊脚石。

属于你的机会只有一次，如果这一次机会因为你的自私或者是贪欲而没有把握住，那么它可能会影响到你的一生。所以，冷静和理智是自私的杀手，只要把握住自己的私欲，避免将自私行为与贪欲思想付诸行动，那么每个人也就可以高枕无忧了。

抛弃名誉，看轻权利

在很多人心目中，只有有了名誉和权力才等于实现了自身的价值。其实，人生的目的，不在于是否成名，而在于是否能勇敢地面对现实，去尽情享受生命，去细心体验生活的美好。

在现实生活中，名誉和地位通常被作为衡量一个人成功与否的标准。所以追求一定的名声、地位和荣誉，已成为一种极为普遍的现象。

人生在世，功名利禄只是一些身外之物，只要我们努力地前行，真实地去面对我们所拥有或将要拥有的一切，你会发现，能满足一个人的可以很多也可以很少。人生天地之间，转瞬来去，就像是偶然登台、仓促下台的匆匆过客。人生既然如此短暂，活在世上就要好好珍惜人生，不要贪图权势，自酿苦酒。名誉与权势，皆为身外之物，也是水流花谢之物，万万不可一味地去追求它们。如果为了争名夺利而不择手段，那就无异于害人害己了，这样的人生有何乐趣？争名夺利不会使你流芳千古，只能会让你身败名裂。

焦耳，这个名字我们中学学物理时就很熟悉，人们为了纪念他所做的贡献，将物理学中"功"的单位命名为"焦耳"。从1843年起，焦耳提出"机械能和热能相互转化，热只是一种形式"的新观点，打破了沿袭多年的热质说，促进了科学的进步。他前后用了近40年的时间来测定热功当量，最后得到了热功当量值。

事实上，与焦耳同时代的迈尔是第一个发表能量转化和守恒定律的科学家。1848年，迈尔等人不断地证明能量转化和守恒定律的正确性，最终使得这一定律被人们承认。这个时候，焦耳在名利欲望的膨胀驱使下，向迈尔发起了攻击。焦耳发表文章批评说，迈尔对于热功当量的计算是没有完成的，迈尔只是预见了在热和功之间存在着一定的数值比例关系，但没有证明这一关系，首先证明这一关系的应该是他。随着焦耳发起的这场争论的扩大化，一些不明真相的人也一哄而上，纷纷对迈尔进行了不负责任的错误指责。迈尔终于承受不住这一争论和批评所带来的压力，特别是焦耳以自己测定热功当量的精确性来否定迈尔的科学发现权，使得迈尔陷入有口难辩的痛苦境地。这时，迈尔的两个孩子也先后夭折，内外交困中的迈尔跳楼自杀未遂，后来得了精神病。

虽然当年的迈尔被逼进了疯人院，但今天人们仍然将他的名字与焦耳的名字并列在能量转化和守恒定律奠基者的行列。焦耳为争夺名利而导致的失误，将被人们世代谴责。

每个人都有自己的活法：对个人而言，各有各的追求；对社会而言，各有各的贡献。一个过得幸福的人不一定是最有钱、最有权的人，但一定是最聪明的人，他的聪明就在于他懂得人生的真谛：花开不是为了花落，而是为了灿烂。可遗憾的是，在现代社会生活中，依然有许多人不但对功名利禄趋之若鹜，甚至把它看成是一个人全部的生存价值。好像是否成就轰轰烈烈的功名、是否成为名利双收的"家"，就是人们衡量生存价值的唯一标准，这不啻是人类文明的堕落和浅薄。

现在，人们尤其是家长们最热衷谈论的话题全是高考分、考大学、出国深造、成专家之类，其结果是苦了孩子，害了孩子。生命价值的深度和广度，怎么能与成名、成家、赚钱等画上等号呢？人们如此看重功利名望，一旦争名夺利失败，便一蹶不振，对生命失去了信心和热情，从此人生变得暗淡无光，这实在是当代人的悲剧。

我们每一个生活在当今社会的人，在人生的追求中，对名誉和权力的追求都应该注意节制。不然，把名誉和权力看得过重，不惜一切代价地想把它们追求到手，岂不是将人生过得太功利和枯燥了？自己那美好的人生岂不是要大打折扣了？

从古至今，围绕着权势曾在历史上和现实中演出过很多令人扼腕的悲剧。还有那些当不上官的人，他们不但自己饱尝无奈、愁闷、痛楚，还给家庭罩上了挥之不去的阴影。所以说，人生诸多烦恼多由贪婪权势引起，人间诸多祸患也多由贪婪权势招致。因此，追求名誉和权力的时候，更应该铭记的是"君子爱财、爱名、爱权"都得取之有道。

人生在世，人人都想活得精彩，人们总是在各种可能的条件下，选择那种能为自己带来较多幸福或满足的活法。所以，除了追名求利外，人生还有另一种活法，那就是甘愿做个淡泊名利之人，粗茶淡饭，布衣短褐，以冷眼洞察社会，静观人生百态，这样，就能品出生命的美好，享受到生活的快感。

有的人既不求升职，也不求发财，每天上班安分守己做好本职工作，下班按时回家，每个月领着不多不少还算说得过去的一份工资，晚上陪爱人和孩子在家里看看电视，周末带孩子逛逛公园，年轻的时候打打篮球，年纪大点练练太极拳，不生气，不上火，知足常乐，长命百岁。这样的人生可能看起来有些"平庸"，但其中的那份"闲适"给人带来的满足，也是那些整日奔波劳累、费心劳神追求功名利禄之人所无法体会到的。所以，国王会羡慕在路边晒太阳的农夫，因为农夫有着国王永远不会有的安全感，而你要有农夫那样的安全感就不能有国王的权势。

功成名就从一定意义上讲并不很难，只要用勤奋和辛劳就可以换取，就是需要把别人喝咖啡的时间都用来拼搏。就一般情况而言，你多得一份功名利禄，就会少得一份轻松悠闲。而一切名利，都会像过眼烟云，终究会逝去，人生最重要的，还是一个温馨的家和脚下一片坚实的土地。

旷世巨作《飘》的作者玛格丽特·米契尔说过："直到你失去了名誉以

后，你才会知道这玩意儿有多累赘，才会知道真正的自由是什么。"盛名之下，是一颗活得很累的心，因为它只是在为别人而活着。我们常羡慕那些名人的风光，可我们是否了解他们的苦衷？其实大家都一样，希望能活出自我，能活出自我的人生才更有意义。

世间有许多诱惑：桂冠、金钱，但那都是身外之物，只有生命最美，快乐最贵。我们要想活得潇洒自在，要想过得幸福快乐，就必须做到：学会淡泊名利享受、割断权与利的联系，无官不去争，有官不去斗；位高不自傲，位低不自卑，欣然享受清心自在的美好时光，这样就会感受到生活的快乐和惬意。

学会以淡泊之心看待权势地位，乃是免遭厄运和痛苦的良方，也是得到人生幸福和快乐的智慧所在。否则，太看重权力地位，让一生的快乐都毁在争权夺利中，那就太不值得了，也太愚蠢了。

大弃大得，小弃小得

　　放弃是一种境界，大弃大得，小弃小得，不弃不得。

　　在日常生活中，对于不用之物的处理往往体现出一个人的思维方式。随着人们生活水平的提高，物尽其用的概念已经成为多余。现时，家家都有不少已被更新淘汰但并未完全丧失功能的物品，有些人家舍不得丢弃，日积月累，无用之物越积越多，等到堆放不下了，只能惋惜地集中扔掉，并在疲劳的同时慨叹着"早知今日，何必当初"。

　　有些人随时淘汰那些不再需要的东西，省去了集中处理的精力，平时家中也显得简洁明快。其实人生又何尝不是如此，即便过着平凡的日子，也依然会不断地积累，大到人生感悟，小到一张名片，都是从无到有，积少成多。无论你的名誉、地位、财富、亲情，还是你的烦恼、忧愁都有很多该弃而未弃或该储存而未储存的。人类本身就有喜新厌旧的癖好，都喜欢焕然一新的感觉，不学会放弃就无论如何也无法焕然一新的，学会放弃也就成了一种境界，大弃大得、小弃小得、不弃不得。在生活中应该学会遗忘不如意的事，学会放弃生命中可有可无的东西，心胸自会坦然。

比如证券市场，要以平和的心态介入市场，胸襟坦然才能做到旁观者清。股市是一个综合智力的竞技场，股票操作的前提是要发现股市中的规律，找到赚钱的方法，但必须学会放弃。故此不必天天满仓，至少要像农民那样根据不同的季节调整自己的状态，选择赚钱的方法。股市中存在赚钱的方法，但又没有必赢或必输的方法，赚钱的方法使用有障碍时就必须放弃。

　　有一个聪明的年轻人，很想在一切方面都比他身边的人强，他尤其想成为一名大学问家。可是，许多年过去了，他的其他方面都不错，学业却没有长进。他很苦恼，就去向一个大师求教。

　　大师说："我们登山吧，到山顶你就知道该如何做了。"

　　那山上有许多晶莹的小石头，煞是迷人。每见到他喜欢的石头，大师就让他装进袋子里背着，很快，他就吃不消了。"大师，再背，别说到山顶了，恐怕连动也不能动了。"他疑惑地望着大师。"是呀，那该怎么办呢？"大师微微一笑，"该放下，不放下背着石头咋能登山呢？"

　　年轻人一愣，忽觉心中一亮，向大师道了谢走了。之后，他一心做学问，进步飞快……。其实，人要有所得必要有所失，只有学会放弃，才有可能登上人生的极致高峰。

　　很多时候我们羡慕在天空中自由自在飞翔的鸟儿，人，其实也该像这鸟儿一样的，欢呼于枝头，跳跃于林间，与清风嬉戏，与明月相伴，饮山泉，觅草虫，无拘无束，无羁无绊。这才是鸟儿应有的生活，才是人类应有的生活。

　　然而，这世上终还有一些鸟儿，因为忍受不了饥饿、干渴、孤独乃至于"爱情"的诱惑，从而成为笼中鸟，永远地失去了自由，成为人类的玩物。

　　与人类相比，鸟儿面对的诱惑要简单得多，而人类，却要面对来自红尘之中的种种诱惑。于是，人们往往在这些诱惑中迷失了自己，从而跌入了欲望的深渊，把自己装入了一个个打造精致的所谓"功名利禄"的金丝笼里。

这是鸟儿的悲哀，也是人类的悲哀。然而更为悲哀的是，鸟儿被囚禁于笼中，被人玩弄于股掌之上，仍欢呼雀跃，放声高歌，甚至于呢喃学语，博人欢心；人类置身于功名利禄的包围中，仍自鸣得意，唯我独尊。这应该说是一种更深层次的悲哀。

人生在世，有许多东西是需要不断放弃的。在仕途中，放弃对权力的追逐，随遇而安，得到的是宁静与淡泊；在淘金的过程中，放弃对金钱无止境的掠夺，得到的是安心和快乐。

古人云：无欲则刚。这其实是一种境界，一种修养。没有太多的欲望，就会活得更加简单、更加洒脱、更加自由。

于是，在滚滚红尘中，怀一颗平和心，挡住各种诱惑；做一件平常事，学会放弃许多；当一个平凡人，简简单单生活。

古代传说中有一种小虫，每遇一物便取来负于背上，越积越重，又不愿放下一些，终于被压趴在地上。有人可怜它，帮它取下一些重负，它爬起来继续前行，遇物又取之背负如故。它的目的是越过一堵高墙，却因气力不支，坠地而死。

紧闭的窗户前有一只蜜蜂，它不断地振起翅翼向前冲去，撞上玻璃跌落下来，又振翅飞起撞过去……，如是反复不断，直至力竭而死。

人亦如此，较之物类更是固执。人总喜欢给自己加上负荷，轻易不肯放下，自谓为"执着"。执着于名与利，执着于一份痛苦的爱，执着于幻美的梦，执着于空想的追求。数年光华逝去，才嗟叹人生的无为与空虚。我们总是固执得很，以至于理想与追求反而成为一种负担。冥冥之中有人举着鞭子驱使着我们去追赶，我们追得到什么呢？夸父始终也没能追上太阳的东升西落。

一位美国宾夕法尼亚艺术学校的教授，在不惑之年，竟然尝试去实现童年梦想，不惜放弃优职高薪，从养狮开始到驯狮、驯虎豹，最终成为美国一代马戏大师。

　　在舞台探照灯的辉煌照耀下，他的梦想实现了，事业达到了顶峰。

　　适当的放弃何尝不是一种美德。或许有另一扇窗户开着，蜜蜂掉头就能飞出去，外面是自由的天、自由的地、自由的空气。

一时得失，不必在意

站得最高、看得最远的人是不会关注眼前无关紧要的事情的。为人处世也一样，不要只看眼前，不看长远，不要太在意一时得失。

为人处世千万不要只看眼前。

传说以前有一位印第安首长，惯于用比赛来考验部落中的年轻士兵。有一次，他选出4位杰出的青年，对他们说："我要你们爬山去，爬到自己气力能耐的极点，然后从山上取来一样东西做证物。"

翌日清晨，4位强壮的印第安青年同时出发上山。半天过后，第一位归来的，手握针枞一枝，显示他爬到的高度。第二位带回一小枝松木。过不久，第三位抱着一种生长于高山的灌木报到。

踏着皎洁的月色，第四位终于跟跄而归。他显然精疲力竭，双脚早被尖石伤裂。

"你带什么来？爬到多高？"首长问道。

"我到达的地方，没有针枞，也没有松木可供遮阴；没有沿路的花儿可以驱逐长途跋涉的疲劳，只有石头、山岭和荒野。我的脚受伤而破皮儿，浑身疲惫不堪，而且很晚才回来，但是——"年轻的战士双眼发亮起来，大声说："我见到了大海！"

在我们跋涉人生的时候,大海往往在遥远的地方。第四个当然是最终的胜利者,得到了首长的表扬和重用。

存在的不一定永远存在,失去的不一定永远失去。我们总是在路上,别太在意一时得失,听从自己的心灵与直觉,它能引领你到达你不知道但你会无悔的地方。

摒弃忙碌，给心灵放放假

随着生活节奏的加快，我们每个人几乎每天都在紧张忙碌中度过，如何在紧张工作的同时，学会放松已成为我们日常生活中的头等大事。

我们终日被工作日程表束缚，上面记满了我们每天必须要做的事，它占据了我们生活的中心，而在稍微的放松时，又被电视、电影、电脑游戏、健身场所、娱乐中心所淹没，这看似忙碌的下面也掩盖了现代人害怕无聊寂寞的事实，我们几乎没有了独立思考的时间，我们再也不给心情放假了。这个时候，我们不妨享受一下寂寞，丢掉一些无谓的忙碌，给自己的心灵放个假。这样不仅会使我们疲惫的神经得到适时的放松，也会点缀调剂我们乏味平淡的生活。

爱琳·詹姆丝曾经是美国倡导简单生活的专家。作为一个作家、一个投资人和一个地产投资顾问，在这个领域努力奋斗了十几年后，有一天，她坐在自己的办公桌前，呆呆地望着写满密密麻麻事宜的日程安排表。突然，她意识到自己对这张令人发疯的日程表再也无法忍受下去了。自己的生活已经变得太复杂了，用这么多乱七八糟的东西来塞满自己清醒的每一分钟，这简直就是一种疯狂愚蠢的生活。就在这时，她做出了一个决定：她要开始摒弃那些无谓的忙碌，多给自己的心灵一点时间。

于是，她着手列一个清单，把需要从她的生活中删除的事情都排列出来。然后，她采取了一系列"大胆的"行动。首先，她取消了所有电话预约。其次，她停止了预订的杂志，并把堆积在桌子上的所有读过、没有读过的杂志全部清除掉。她注销了一些信用卡，以减少每个月收到的账单函件。通过改变日常生活和工作习惯，使得她的房间和庭院的草坪变得更加整洁。她的简化清单总共包括80多项内容。

爱琳·詹姆丝说："我们的生活已经变得太复杂了。在我们这个世界的历史进程中，从来没有像我们今天这个时代拥有如此多的东西。这些年来，我们一直被诱导着，使得我们误认为我们能够拥有这一切的东西，我们已经使得自己对尝试新产品都感到厌倦。许多人认为，所有这些东西让他们沉溺其中并且心烦意乱，因为它们已经使得我们失去了创造力。

"因为受习惯的生活方式的影响，你每天有多少活动是不得不勉强去做的？追求舒适的习惯和烦琐的例行公事是否让你的日常生活落入浪费时间、浪费精力的陷阱？其实减少那些程式化的活动，并不会因此减少快乐的机会。

"习惯驱使我们去做所有这些日常琐事。我们总是担心如果不去做，就会失去某些东西。其实，也许我们的确会失去什么东西，但是这没什么不好，我们还是好好地活着。还不仅仅是活着，而是活得更潇洒了，因为我们再也用不着试图去做所有的事情，看看那些对人类的艺术领域、音乐领域、科学领域做出过卓越贡献的人，如毕加索、莫扎特、爱因斯坦，这些人都生活在极为简单的生活之中。他们全神贯注于自己的主要领域，挖掘内在的创造源泉，因此，获得了丰富精彩的人生。"

——摘自一叶扁舟的博客《绝对公平是不存在的》2010.12.28

人生负重有时候是因为我们额外地增加了一些不必要的工作，表面上看起来，我们是有所追求，是积极向上，但是仔细分析之后就会发现，我们陷入了为忙碌而忙碌的怪圈之中。为了不承担懒惰、消极的恶名，或者为了一些可有可无的消费享受，我们把自己支使得团团转，这实在是一种错误的心态。

忙碌的人们，该清醒一下了，仔细分析一下，就会发现总有些东西需要放下。摒弃那些多余的东西，不要让自己迷失方向，贪婪地占有只会占用大量的时间和精力，而这些时间和精力本来可以用于我们真正希望去做的事情上。

闲暇之余，我们不妨拿出一张纸来，列一个表，把自己自制的娱乐方式和娱乐项目列出来。想想野炊或野营，自制个轮船模型，锻炼一下身体或种点花草，甚至读书、画画、写文章都挺有趣的。虽然这些娱乐游戏和活动很简单，但它同样会让我们每一个人都感到开心。

伟大的哲学家尼采曾经说："所有的伟大思想都是在散步中产生的。"生活中一些不起眼的行为就能让你感到轻松舒适，散步就是其中最好、最简单也是最廉价的一种。

很多时候，压力是我们为自己设定的。事事追求完美、目标定得高的人，比较容易感受到压力；自我设定与现实的差距过大，也会让人压力增大。

在上海某著名地段的网络公司大楼里，经常有一盏灯亮到很晚，有时直到凌晨太阳升起时。坐在这盏灯下的人就是软件设计员李刚。李刚结婚不久，但他只在周末时才回到离公司只有一个小时车程的家里去陪娇妻。李刚还很年轻，却已经秃顶了。

李刚总觉得自己做得不够好，认为浪费时间是可耻的，他不仅要把每一个分配到手里的项目做好，还得创新，有新成果，这样才有可能获得更高的职位，才有资格得到公司更多的股票，才有可能买到更好地段的房子。他总在想，也许再坚持一年就好了，一年后自己就有机会升职提薪了，也就不用这么累了。

其实，李刚的压力只是一种自我设定——出现在我们身上的压力原本不存在，都来自我们自己的设定。人生都是跟着自我认定走的，想成为什么样的人，想做成什么样的事，就会承受什么样的压力。

我们或许也都有过和李刚一样的想法：现在付出十倍努力去干，即使承受再大的压力，等到银行里有了一笔大额存款，拥有一叠可持续增长的股票，外加一栋依山傍水的透天别墅、一部豪华轿车之后，就辞掉工作，抛开压力，不再受老板的气，不必匆忙赶打卡，从此游山玩水，逍遥自在。

李刚是沉重的理想主义者，我们同样也是。当这些希望真的实现时，我们身上沉重的压力就会消逝无踪，过上无忧无虑的生活吗？当然不会，到时候新的压力依旧接踵而至，或是担心孩子学习、货币贬值，或是担心股票下跌、房地产不景气等。

压力永远都不会消失，就像呼吸一样，如影随形，无从逃避。在每个生命阶段都会有压力，只是性质与强度的不同而已。

所以，每时每刻，我们都像英勇的战士般刚强勇敢地应对着压力，渴望压力减轻的那一天。只是，压力哪里有尽头呢！压力是不会消失的，只不过在做新旧的替换。

有压力并不可怕，重要的是如何正确对待压力。虽然压力无法减少，但我们可以采取相应的措施，缓解压力对我们造成的负面影响，让压力只成为我们生活的一味调味品。

因此，适当的时候，我们需要舍弃一些无谓的忙碌，给自己的心情放个假。当面对工作的负荷，再也无力应战的时候，当遇到烦心事，思绪混乱的时候，不妨给自己一点独立的、安静的环境，不妨去公园逛逛，欣赏姹紫嫣红的美景，不妨撑起一把小花伞在雨中漫步，在青石板小巷里欣赏雨中美景，那细雨会把我们的坏心情洗得一尘不染……

随和的人兼容着大智若愚、大巧若拙的糊涂智慧

　　聪明难，糊涂更难。难得糊涂是大智若愚的处世智慧。难得糊涂不是无原则地放纵，更不是麻木不仁，而是一种暗示和警诫，是一种更高的生活境界，是一种气度和修养。在生活中，难得糊涂使做人有人缘，做事有机缘。难得糊涂不是昏庸，而是为人处世的豁达大度，是一种真正意义上的"拿得起，放得下"。如此揣着明白装糊涂，在生活中才会左右逢源，活得逍遥自在。

巧装糊涂，是一种大智慧

人生之事，大是大非之事很少，大部分的都是烦琐小事，很少有是非对错之分，这时巧装一下糊涂，不该看的绝对不看，要管住自己的眼睛，不该拿的东西再好也不拿，管住自己的双手，只有这样，才能从根本上杜绝非分之想，这样，不但可以让自己超脱出来，更能让自己获得更长远的利益。

魏晋时期的王湛，是一个很会巧装糊涂的人。他平时少言寡语，从不表现自己，别人有什么对不起他的地方，他也从不去计较，因此很多人都轻视他，认为他是个大傻瓜，连他的侄子王济也瞧不起他。

有一天，王济偶然到叔叔的房间里，见到王湛的床头有一本《周易》，这是一本很古老又很晦涩的书，一般人是很难读懂的。在王济眼里，这位"傻"叔叔怎么可能读得懂这样一部书呢？肯定是放在那里做做样子。问王湛："叔叔把这本书放在床头干什么呢？"王湛回答："闲暇无事的时候，坐在床头随便翻翻。"

王济心里非常疑惑，便故意请王湛给他说说书中的一些内容。王湛分析其中深奥的道理，居然深入浅出，非常中肯，讲得精炼而趣味横生，有些见解恐怕连当时最有名的学者都比不上。经过接触和了解，他深深感觉到，自己的知识和学识跟这个"傻"叔叔相比，简直差了一大截。

王济有一匹性子很烈的马，特别难骑，就问王湛："叔叔爱好骑马吗？"王湛说："还有点爱好。"说着一下子就跨上这匹烈马，姿态悠闲轻巧，速度快慢自如，连最善骑马的人也无法超越他。王济又一次惊呆了。

王湛又说："你这匹马虽然跑得快，但受不得累，干不得重活。最近我看到督邮有一匹马，是一匹能吃苦的好马，只是现在还小。"王济就将那匹马买来，精心喂养，想等它与自己骑的马一样大了，就进行比试，看叔叔说的是否正确。将要比试的时候，王湛又说："这匹马只有背着重物才能体现出它的能力，而且在平地上走显不出优势来。"王济就让两匹马驮着重物在有土堆的场地上比赛。跑着跑着，王济的马渐渐落后了，过了一会儿居然摔倒了，而督邮的马还像平常一样，走得稳稳当当。

通过这些事情，王济从内心深处佩服叔叔的学识和才能，知道他不仅学识渊博，在骑马、相马各方面都很精通。后来，王济把王湛的才能学识一五一十讲给了当时的皇帝，皇帝经过考察，发现王湛确实是个人才，于是封他当了汝南内史。

——摘自《左手孔子，右手老子》作者林语堂，2007年7月1日出版

像王湛这样的大智者巧装糊涂，藏才隐德，他们用表面的愚笨来保护自己，为自己赢得发展和提高的时间和环境，并能统观全局，站在比别人更高的角度上把握事态发展的脉络，因而他们常常是任重而道远的承担者，比常人更能抓住成功的机会。

在城市郊外，有一个年事已高的老锁匠，他一生修锁无数，技艺高超，为人正直。可惜老锁匠膝下无子，为了不让绝技失传，他物色了两个聪明、优秀的年轻人，将两人收为徒弟。

经过老锁匠的精心栽培，两个年轻人学会了不少东西，但是他们两个人中只有一人能得到真传，老锁匠决定对他们进行一次考试。

那天，老锁匠叫来了乡亲们，他准备了两个一模一样的保险柜，分别放在两个房间，让两个徒弟去打开。

不到十分钟，大徒弟打开了保险柜，走出了房间，而二徒弟却用了半

个小时才出来。众人都为大徒弟的高超技艺喝彩。

这时，老锁匠捋着胡子，问大徒弟："保险柜里有什么？"

"师傅，我看到了，我看到了，保险柜里面有一堆银子，白花花的银子。"大徒弟眼中放出了光彩，兴奋地回答道。

老锁匠又问二徒弟："保险柜里有什么？"

二徒弟支吾了半天说："师傅，我没有看见里面有什么，您只让我打开锁。"

后来，老锁匠郑重地宣布二徒弟为他的接班人。

大徒弟很不服气地问："师傅，我的开锁技术比二弟要好得多，为什么您会选择他，而不选择我呢？为什么？"

众人也不解，纷纷向老锁匠讨说法："就是啊，您为什么选择二徒弟？"

老锁匠微微一笑说："干我们这一行，必须要做到心中只有锁而无其他，对钱财视而不见，不该看的绝对不看，这是一种职业道德，更是一种做人的原则。"

大智若愚深明舍小求大之道理，在为人处世之中巧妙地装一下糊涂，随方就圆，不认死理，有些时候不过于计较，有些时候视而不见，还有些时候不置可否。这样他们就能妥善处理好与人和事物的关系，左右逢源，进退有据，获得人际关系的和谐，赢得他人的认同。

随方就圆是处世的好方法

在所有形状中，圆形是最无懈可击、前进时最大限度地减少了阻力。人际交往中也存在着"形"的问题，运用"形圆"的心术，关键要懂得"形"的作用，外圆而内方。圆，是为了减少阻力，是方法；是立世之本，是实质。

船体，为什么不是方形而总是圆弧形的呢？是为了减少阻力，更快地驶向彼岸。人生也像大海，交际中处处有风险，时时有阻力。我们是与所有的阻力较量，拼个你死我活，还是积极地排除万难，去争取最后的胜利呢？

东晋的元老重臣王导，晚年耽于声色，不理政事，手下人怨声四起，说他老迈无用，而王导自言自语道："人言我愦愦，后人当思此愦愦。"意思是说，现在社会上的人说我昏聩无能，然而后代人将会因我现在的昏聩无能而感激我。此话怎讲？

原来五胡乱中原之后，大批北方人移居到南方，既给南方带来了先进的生产技术，也带来了秩序上的混乱。东晋立国之初，政局极为混乱，皇帝被权臣走马灯似的换下，王导曾被皇帝戏邀共登龙床，幸好他聪明，赶快谢绝。

手下权臣之间互相倾轧，士族与庶族之间互不通婚，互不往来，士族子子孙孙享受高官厚禄，庶族世代居下，两个阶层矛盾极深。北方人南下，势必要侵扰南方人的利益，形成南北之争，加之北方胡人时来侵扰，民心甚为不安。这一切对王导来说，简直就是剪不断，理还乱，甚至是越理越乱。只要他偏袒任何一方，都可能引起双方大的争斗，从而影响到政局的稳定，立国之初，根基本来就是稳不住的。只见他稳坐本位，无为而治，做和事老。争斗的双方势力此消彼长后，政局也就稳定下来了。他死后，东晋的生产恢复起来，有了一定的中兴气象。难怪后代史家都评论此人是个聪明官。为了保存实力，有时不得不装聋作哑。

生活是这样告诉我们的：事事计较、处处摩擦者，哪怕壮志凌云，聪明绝顶，如果不懂"形圆"，缺乏驾驭感情的意志，往往会碰得焦头烂额，一败涂地。

糊涂之理正是一种随方就圆、游刃有余的人生智慧。水自漂流云自闲，花自零落树自眠。于狭窄处，退一步，糊涂一事，得一人生宽境；遇崎岖时，让三分，糊涂一时，开一人生坦途。于是，糊涂成了人生的润滑剂，智者抽身来，抽身去，出世、入世，均通达无碍了。糊涂是一种大智，纵目可及三千里，才能忍得闲气小辱，才能食苦若饴，从中得到滋养；糊涂是一种大智，能容纳天地，才能不为利急，不为名躁，左右逢源，进退有据，给自己一个假面，又不怕丢失自己。

我们面对的社会，是一个矛盾结合体；我们面对的人们，是一个具有主观情感的变化物；我们面对的事，是一个特定环境综合的结果。人与社会、人与事、人与人，错综复杂，千奇百怪，千变万化。更何况在许多情况下，并不需要去理出一个是和非，因和果来。倘若如是，我们整天都会纠缠在一些细枝末节上，纵使弄出了头绪，也于社会、于事、于人无补益。

据清朝《不用刑审书》记载，广东省有个绰号叫做"颠梅"的知县，判案经常独出心裁，打破常规，出奇制胜。下面是他以癫惑人的手法，判明一件冤案的故事。

有一天，一位平民从海外回来，带了许多银子，天黑赶路怕碰上强盗打劫，便把银子全部埋在距本村十里坡的大榕树下，趁着月色赶回家中。叫门多时，妻子才出来开门迎进。招呼睡下后，妻子问道："夫君奔波海外多年，得了多少银子？"丈夫答道："这回出门数年，赚得纹银五百多两，黑夜途中恐遭劫，只好埋在十里坡的大榕树脚下，明日白天便可取回来。"次日早起，丈夫赶去取银，开院门时，院门却是虚掩着，以为是自己昨晚忘记插门，便没有多疑，径直去大榕树下取银子。可是到了榕树下一看，埋银子的地方已扒开一个坑，银子早已不翼而飞了。他瘫软在树下痛哭一场，本想回家告诉妻子丢了银子，又怕妻子说自己昨晚吹牛，尽撒谎骗人，于是跑到县城报案。

听完这个埋银、丢银的经过后，"颠梅"知县问道："你外出多少年？"答道："出门四年。"知县又问："家中有些什么人？"答道："只有妻儿二人，儿子今年四岁多，是我出门前生下的。"又问："家中有奴仆吗？"答道："没有，一切家务由妻子操持。"又问："昨晚回家碰见了谁，说起银子的事吗？"答道："没有，我半夜回家，孩子已经睡着，只是对妻子说过把银子埋在十里坡大榕树脚下，可我去起银子时，妻子尚未起床，孩子也在睡懒觉。"又问道："你回家时，妻子高兴吗？"答道："态度倒也平常。"知县又问到："你仔细想想，家中有什么异常现象没有？"答道："没有。"知县最后说道："果真如此，你的案子我也难以搞清楚了。"那个丢银人沉思了一阵，说道："今早我出院门时，院门却是虚掩着，我记得昨晚好像插上的，这是否算是异常情况？"知县听其一说，佯怒拍案大喊："千怪万怪，都怪那棵树。你把银子寄放在那里，它却没有替你保管好，而被人偷了去。此树罪该万死。"于是命令衙役前去拔掉那棵树，并且嘱咐，拔不动就用大锯去锯，锯倒运回来，我要亲自审问那棵树。回过头来又问丢银人："你来告状，你的妻子知道吗？"答道："不知道。"知县告诉他："你回家不要告诉她，否则我要罚你。明天早上你带孩子准时来县衙。"丢银人回到家，说起丢银子的事，妻子骂他骗人，他也由她骂罢了。

衙役们好不容易把树砍倒，蚂蚁啃骨头似地往县衙大院搬运，途中路人见到官差累得满身大汗，都问运树干什么？衙役们埋怨道："颠梅知县要开堂审树。"这话传出，如同特号新闻，一传十，十传百，方圆百里，老小皆知，都哈哈大笑，均说颠梅知县又犯"颠病"了，知县审树，真是盘古开天地，古今奇闻怪事，大家都好奇起来，争先恐后从四面八方赶到县衙大院看热闹。

知县审树开始了，只见大树倒放在院子中间，众人挤了满院。知县早把丢银人安排在审台跟前，抱着孩子佯作站着看热闹。然后命令众人，一个跟一个地从审台前经过，人们莫名其妙，只好乖乖地像向遗体告别一样慢慢走过。突然丢银人的孩子向迎面走来的一个男人喊道："叔叔抱我，叔叔抱我。"那男人装聋作哑便想溜过。知县叫住那个想溜的男人，问道："你认识这小孩儿吗？"那男人摇头说："不认识。"知县命令那男人去抱那孩子，孩子却欢喜地伸手求抱，状甚亲密。知县让丢银人问其孩子："这个叔叔你在哪里见过？"小孩儿答道："这是我家叔叔。"又问："叔叔喜欢你吗？"答道："喜欢！"又问："叔叔喜欢妈妈吗？"答道："喜欢！"知县听完孩子的答话，指着那男人喝道："就是你，盗窃了大树脚下的银子，赶快从实招来。"那男人矢口抵赖。知县训斥道："你放聪明点儿。前天晚上你在丢银子人家偷听到他们夫妇说话后开门出院，便去大树底下取走了银子，赶快从实招来，否则两罪并罚，严惩不贷。"那男人见事已败露，又怕激怒知县，追究奸情就更麻烦了，只好老老实实招供并如数交出全部银子。知县为了照顾丢银人夫妻关系就没有再过问奸情之事。

结案之后，众人有些不解。知县说，我从丢银人讲述的经过中，觉察到有人偷听到他们夫妻的谈话，从丢银人说早上出去时门是虚掩着的，判断此家半夜有人出门，而这个人又是丢银人回家之前就呆在院子里的，大有奸夫之嫌，究竟是谁，只有叫小孩儿来认。撒谎审树，不过是以癫惑人。为了制造一种奇闻。因为越是奇闻就会招来好奇的人前来看热闹，犯了法的人更关心审案的事，必然要来看个究竟，这就给小孩儿提供认其母"相好之人"的场合和对象。一席话说得大家恍然大悟。

——摘自17K小说网《第七节　糊涂之中的聪明》2010.6.1

这个故事虽然讲的是一个古代司法中判官用癫惑人的方法判案的故事，看起来和做官没多大关联，其实，为官也可以用这种方法，在历代帝王将相中，好多人不就是用它把江山坐稳的吗？

做人不要显摆自己

一个人，哪怕你智慧绝伦、满腹才华，也不应该处处表现自己，如果你老以自己为"主角"把他人当"观众"，则这台戏是唱不久的。别人会拆你的台、冷你的场，让你孤零零地唱"独角戏"。试想，你连一个观众都没有了，还表现给谁看呢？

英国剧作家萧伯纳很早就显露出了自己在文学上的天分。年轻时，他总爱向别人表现自己的才华，并且说起话来尖酸刻薄，常使得朋友们很难堪，结果经常受到人的排挤，朋友们也不敢离他太近。

眼看愿意和自己交朋友的人越来越少了，萧伯纳感到既着急又郁闷，他百思不得其解，只好向一个好朋友问其中的原因："我头脑聪明、说话幽默，为什么那些人都不喜欢和我在一起呢？"

好朋友坦诚地对萧伯纳说："虽然你说话风趣幽默，才华比别人略胜一筹，但是你总喜欢抢压别人的风头。因此，大家在你在场的时候，都不敢开口，而如果你不在场，他们就会更快乐，这样的话他们自然就会离开你了。"

听了朋友的一番话，萧伯纳如梦初醒。从那以后，他在与人交往的时候，不再刻意地表现自己，就像一个普通人一样谦虚和逊，不表露出自己的才华，甚至有时候糊里糊涂的像个蠢人。

渐渐地，"糊涂"萧伯纳的朋友多了起来，而萧伯纳把自己大部分的才华发挥到了文学研究和发展上，并在文坛上取得了很大的成就。

智者真正的姿势是适当地放低自己，给别人充分表现自我的机会。一旦机会来临，必将脱颖而出，一举成名。

战国时期，秦国自恃强大，四处征战。有一次，秦国大军攻打赵国，赵国因为在长平遭到惨败后兵力不足，渐渐抵挡不住了。眼看赵国就要被秦国攻城，赵孝成王要平原君想办法向楚国求救。

平原君决定亲自去楚国谈判，争取联楚抗秦。出发之前，他打算从手下3000门客中挑选20个文武双全的人一起去楚国。挑来挑去，只挑中了19个人，最后一个人却怎么也挑选不出来。

正在这个时候，有一个坐在末位的门客主动站了起来，用坚定而自信的语气自我推荐说："我来当这最后一个吧！"

看着这张陌生的面孔，平原君问道："先生，请问你叫什么名字？到我门下来有多长时间了？我怎么对你一点印象也没有？"

那个门客平静地说："我叫毛遂，来到主人门下已3年有余。"

平原君摇了摇头说："有才能的人就像一把锥子放在口袋里，它的尖儿很快就冒出来了。可是先生来到这儿已经3年了，我从来都没有听说过您这个人……"

毛遂解释说，那是因为自己平时不爱出风头，不争名夺利。平原君欣赏毛遂的胆量和口才，就决定让毛遂跟他一起去楚国。

来到楚国以后，平原君跟楚王的谈判进行得很艰苦，从早晨一直谈到中午，楚王说什么也不同意出兵抗秦。看着毫无进展的谈判，平原君不知道应该怎么办。

这时，站在台阶下的毛遂高声嚷道："合纵不合纵，三言两语就可以解决了，怎么从早晨说到现在，还没说完呢？"他一边说着，一边不慌不忙拿着宝剑上了台阶。

"我正跟你的主人商量国家大事，哪里轮到你来多嘴？还不赶快下去！"听见毛遂的话，楚王非常不高兴，他用手指着毛遂说道。

这时候，毛遂已经走到离楚王很近的地方了，他按着宝剑跨前一步说："你用不着仗势欺人，我现在可以随时取你性命。不过，在取你性命之前，你要先听我说几句话。

楚王看着毛遂手中的宝剑，听他的语气是什么事都做得出来的，不得不缓和了口气："好吧，好吧。我倒要看看您有什么高见，请说吧。"

接着，毛遂详细地分析了当时各国的情况，尤其分析了楚国当时的处境，合纵与否的优势与劣势也讲得非常明白。最后，楚王同意了合纵抗秦的事。回到赵国后，毛遂得到了平原君的重用，成就了一番事业。

虽然毛遂平时不露声色，在人前十分低调，从不表现自己的智慧，主人平原君对他毫无印象。但是到了关键时候，毛遂却能施展自己的才干，力挽狂澜，好钢用在刀刃上，从而让平原君印象深刻、铭记在心。

用"糊涂"的心态做人

"糊涂"是一种良好的心态，也是一种美德，以糊涂的心态做人，自然能妥善地处理好与世间的人和事物的关系，既尊重自己，又能获得别人的尊敬，这也是糊涂做人的基本原则。

只有"糊涂"，人才会清醒、才会冷静；清醒了，人才会简单；只有简单而冷静的人，才能做到大度与宽容。总之，这里所说的"糊涂"的本意不是真糊涂，而是一种人生的大智慧，是为人处世低调的艺术。

每个人对于糊涂，都有不同的理解，每个人也会悟到不同的真谛。糊涂是大智若愚、宽容忍让；是大勇若怯、以柔克刚；是外乱内整、内精外纯；是宠辱不惊、是非心外；是得意淡然、失意泰然；是宽容忍让、不计前嫌；是不以物喜、不以己悲；是乐天知命、顺应自然；是淡泊名利、知足常乐；是与世无争、宁静安然；是居安思危、未雨绸缪；是清静养神、清心寡欲；是谤我容之、侮我化之……

聪明人不可能做到真糊涂，但是假装糊涂却是更精明的人才能做得到的。

这里的"糊涂"，并不是真糊涂，而是假糊涂，嘴里说的是"糊涂话"，脸上反映的是"糊涂的表情"，做的却是"明白事"。因此，这种"糊涂"是人类的一种高级智慧，是精明的另一种表现形式，是适应复杂社会、复杂人事关系的一种高级的、巧妙的处世方式。

工程师史德柏希望他的房东能够减少房租，但是他的房东很难缠，许多人都做过这方面的努力，最终都以失败告终。于是大家得出一致的结论：房东太难打交道，不近人情。

但史德柏不那样认为，他决定试一试。他给房东写了一封欲擒故纵的信，说合同一到期，他将搬出去（而事实上他不想搬走），如果房租能降低的话，他仍然想住下去。没过几天，房东就带着他的秘书来找史德柏。史德柏非常热情地在门口迎接了房东。

史德柏转了一个弯儿，没有立即谈论房租太高，而先强调自己多么喜欢他的房子，称赞他管理有方，希望能再住一年，可是房租有点儿太高。

多年以来，房东从来没有遇见过一个如此热情而真诚的房客，他被史德柏的赞美感动了。接着，他把史德柏当成朋友似的，开始向史德柏诉苦，说有一位房客给他写过14封信，有些信言辞极其粗鲁，太伤他的自尊心；还有一位房客威胁他说如果他不制止楼上那位房客打呼噜，就要退租。

"有你这样的房客，我真是太轻松了。"房东高兴地说。

这时情绪激动的房东在史德柏没有提出要求之前，就主动提出减收一点儿租金。史德柏希望再少一点儿，说出他能负担的数目，房东二话没说就同意了。

后来史德柏回忆起这件事时自信地说："如果我用其他房客的方式要求减少房租的话，我相信一定也会遇到相同的阻碍，我之所以会成功恰恰就是因为我的友善、理解和赞扬。"

——摘自《糊涂—通达一生的智慧》作者：武庆新编著 北京工业大学出版社 2012.10

每个人都喜欢被赞美，需要得到别人包括陌生人的尊重，需要别人知道自己的价值和优点，所以适度地装装糊涂，说些恭维话，捧捧别人，定会博得他人的欢心，使之乐于与你合作、交往。何乐而不为呢？

英国首相丘吉尔和夫人克莱门蒂娜有一次一同出席某要员举行的晚

宴。席间，一位外国外交官将一只自己很喜欢的小银盘偷偷塞入怀里，但他这个小小的举动被细心的女主人发现了，她很着急，因为那只小银盘是她心爱的一套古董餐具中的一部分，对她来说很重要。怎么办？女主人灵机一动，想到求助于丘吉尔夫人把银盘"夺"回来，于是她把这件事告诉了克莱门蒂娜。丘吉尔夫人略加思索，便向丈夫耳语了一番。

只见丘吉尔微笑着点点头，随即用餐巾做掩护，也"窃取"了一只同样的小银盘，然后走近那位外交官，很神秘地掏出口袋里的小银盘说："我也拿了一只同样的小银盘，不过我们的衣服已经被弄脏了，所以应该把它放回去。"外交官对此表示完全赞同，两人将盘子放回桌上，于是小银盘物归原主。

在故事中，出席宴会的都是一些头面人物，作为一名外交官，却偷窃了一只小银盘，实在是令人不齿的行为。但是，如果就此张扬出去，这名外交官就更是丢脸之至，而且，其国家的名声也会因为这个事件而蒙羞。

所以说，这是一次令人难于处理的事件。丘吉尔的做法很妙，他既保全了大家的面子，而且还成功地做到了"物归原主"。按理说，把自己也变成"小偷"，显然是一种"糊涂"，那么有地位的人物，竟然会为一只盘子而自降身份，然而，这正是解决问题最好的方法。可见，高明的糊涂就是一种精明。

在生活中，人们经常会遇到一些一时难于处理、难于解决的矛盾和冲突，人们可以借助于这种"故意的糊涂"，有意识地拖延时间，来缓和矛盾、化解冲突，以便利用最佳时机解决问题。这种"糊涂"实际上就是"明者远见于未萌，智者避危于无形"，是一种少有的谨慎，可以使你有更多的时间去专注于某项重要的工作，是一种取得胜利的策略。

精明过头反被精明所伤

在我们的现实生活中，常常发现有一些自以为是、自命清高的人，他们觉得自己是世界上最聪明的，谁都无法跟他们抗衡。他们锐气旺盛，可谓锋芒毕露，为人处世丝毫不留余地，待人接物咄咄逼人，倘若有十分的才能与聪慧，肯定是利用十二分的张扬将其表现出来。他们往往有着超乎常人的充沛精力，当然，也有一定的才能，瞧不上眼前的任何人，大有一种"一览众山小"的架势。

殊不知，这种喜欢显摆和喜欢表现的人在人生的旅途中往往会遭受到比常人更多的挫折和打击，甚至会酿成悲剧。其原因是他们看不到或者不明白人"知"与"不知"的相对性，有一点聪明，有一点成就，于是就坐井观天地以为自己无所不知，无所不能。其实，世界之大，天外有天，你又怎能穷尽呢？过于卖弄聪明，锋芒毕露，觉得自己全知、全能，终究是要碰钉子的。

生活中，每个人都希望自己聪明，而且越聪明越好。因为越聪明就越能显示出自己为人处世的高明。可是，任何事情都不是绝对的，太过于聪明也未必是件好事，因为聪明过头，知道得太多，计较得太多，就得为这些付出的越多，而任何事情都是此消彼长的，当你计较付出的同时，你失去的也可能会越多。

人们常说：宰相肚里能撑船。当宰相就需要有大肚量，要能包容常人不能包容的事物。包容其实也包含了"糊涂"的意思。

说起"糊涂宰相"，我们最容易想起来的，该是西汉时的丙吉了。

丙吉这个人被称为怪才，怪就怪在：路边有人斗殴死伤，他不管；碰到一头牛在喘息，他偏要去问。属下当然认为他糊涂了，于是提醒他："您这样做不是贵畜而贱人吗？"丙吉的回答倒是经典得很："老百姓斗殴，这件事是长安令、京兆尹这样的官管的。我作为宰相，只是根据这些官一年总的政绩进行考评，奏请皇帝实行赏罚就行了，用不着事必躬亲。然而现在季节还不到大热的时候，牛就喘息起来，估计是节气失调了，而节气失调将可能导致灾荒，这才是宰相分内的事情呀！"

如此一解释，大家自然看出谁真糊涂，谁假聪明了。

为人不可过于聪明。聪明过头反倒被聪明误了大好前程。做人还是要谨慎一些、含蓄一些，心机用得过多，便容易不得要领，或者自坏其事，或自相矛盾。

曹参曹相国，就是一位出名的糊涂贤相。曹参本是武将，当年在沛县跟随刘邦起家，攻城野战，身受70余处创伤，堪称勇猛战将。勇猛无惧的曹参和文质彬彬的萧何本来关系就很好，等到萧何当上了大汉的相国，两人却因为功劳的争执产生了隔阂。但是萧何临死的时候，还是推荐曹参接替相国之位，曹参在山东一听说萧何死了，便心有灵犀地吩咐家人，准备行李动身，说自己要前往都城当相国了。可见这两人的自知、知人之明，都是非同凡响的。

曹参当了相国，找了一些老实厚道的人当自己的僚属，而把原来那些精明干练之徒全部打发到别处当个小官吏什么的，然后就开始了"酒肉之治"：相国带着大家喝酒吃肉，活儿留着以后干。许多大臣看他如此不务正业，好心想劝劝他，然而，曹相国不等人家开口，就强拉人家一起喝酒，把人家灌醉，直至什么意见也提不出来了。

这下，惠帝发话了，曹相国欺负我年幼无知吧，咋不管事呢？就使了个计谋，把他叫过来问话。曹参一到惠帝面前，主动提问惠帝道："陛下自己觉得您跟高祖比起来，谁高明些呢？"惠帝答："我哪里敢跟他老人家比呢？"曹参又问："那么您看我跟萧何比起来，谁厉害呢？"惠帝答："老实说，您好像也比不上萧何。"

曹参于是总结道："陛下您讲得太对了。想当年先帝与萧何平定天下，明确各项法令；如今陛下您垂拱而治，我等守职，遵守着不要有什么闪失就行了，还有什么好更改的呢？"

于是，曹参就在这样的"酒肉"政策中，保全了汉朝初年的政法，不让虎视眈眈的吕后一党有可乘之机。曹参为相三年，老百姓歌颂道："萧何为法，若画一，曹参代之，守而勿失，载其清静，民以宁一。"

——摘自bhyymzw的博客《成就你一生的100个哲理》2013.10.15

当宰相的日饮醇酒，不理政务，不可谓不糊涂；假装自己本来就是块糊涂料，索性于糊涂之中求大治，正是曹参的过人之处。倘若这位曹相国偏不服气，一定要兢兢业业，三天两头改弦易辙，干出点属于自己的政绩，后果将怎样呢？

有些人，就不懂得曹参这样的糊涂智慧。新官上任，生怕别人说自己没有作为，三把火乱烧一气，结果惹出不少乱子。世界是复杂多样的，横看成岭侧成峰，没有一成不变的事，也没有一定的不移之规，不可能像想象中那样泾渭分明。所以我们务必要学会"糊涂"，在糊涂的表象中擦亮眼睛，寻找人生的至上哲理与过人智慧。

公元239年，魏少帝曹芳被曹爽控制住，同时，司马懿的兵权也被架空了。司马懿虽然非常恼火，但一时毫无办法。为了免遭曹爽的再度加害，为了将自己隐蔽起来，以待良机，司马懿于是告病还家，不理朝政。

一日，曹爽想去查个虚实，于是派了自己的心腹李胜去探视司马懿。司马懿当然明白曹爽的用意，因此，当李胜来到卧室的时候，只见司马懿有气无力地躺在床上，两个侍女用力支撑起他的上身，勉强着喂他粥喝，前胸洒满了米粥。当李胜和他说话时，司马懿则是一副气喘吁吁的样子，既听不明，也说不清。李胜回去后，便将所见详细地汇报给曹爽，并建议道："司马公现在只不过是具还有点余气的躯体罢了，形神分离的，大人不必再对他有什么顾虑了。"曹爽当然高兴得很，他最感棘手的就是这个司马懿，听到他不久于世的消息，当然更加放心，在朝中当然也更加肆无忌惮了，而那边的司马懿，当然是加紧秘密组织力量。

公元249年正月，魏少帝曹芳到高平陵进行拜谒，曹爽兄弟及其亲信一帮人等都随同前往，司马懿于是抓住这个机会，发动了兵变，废黜了曹爽兄弟。

司马懿正是揣着明白装糊涂，暗中聚众，以期相机而动，最终一举成功。

我们做人要善于在一些事情上，表现出自己糊涂的一面，无关紧要的小事情，不如掩藏起自己的精明。毕竟，我们的一生不应该对什么事都斤斤计较，即便有那个能力，也没有那个必要。该糊涂时糊涂，该聪明时聪明，正如俗语所言"吕端大事不糊涂"，说的就是对小事不一定要斤斤计较，不要耍小聪明，只在关键时刻显身手。

算盘精明是短视，思路精明才是王道。精明的人一般精明在内心，而不是精明在外表。精明是人内心深处的"魔鬼"，特别是面对利益的时候，它就会苏醒，然后变得张狂，我们要学会理性地、全局性地看待问题。

含糊一点儿效果反而更好

清朝画家郑板桥有一方闲章，曰"难得糊涂"，这四个字一经刻出，便立刻成了很多人津津乐道的座右铭。仿佛有许多人生的玄机一下子从这四个字里折射出了哲学的辉光。在我们身边，无论同事、邻里之间，甚至萍水相逢，不免会产生些摩擦，引起些烦恼，如若斤斤计较，患得患失，往往越想越气，这样很不利于身心健康。如做到遇事糊涂些，自然烦恼会少得多。

所谓糊涂有两种解释：一种是看不明白、弄不清楚，因而丈二和尚摸不着头脑；另一种则是看得明白、弄得清楚，却不便于直截了当说清楚，这种情况下就要采取一定的糊涂战术。确实，在生活或工作中，并不是什么时候都需要明明白白的，在某些特定的场合，出于某种特别的考虑，说得含糊一点儿效果反而更好。

清朝的嘉庆皇帝，登位后对前代留下的一些遗留问题进行清理，还准备破格提拔几位曾为父王做过贡献却被奸臣排挤、打击的官员。但这破格提拔的事在清朝历代尚无先例，群臣反应不一。嘉庆拿不定主意，便问老臣纪昀。

纪昀沉吟良久，说："陛下，老臣承蒙先帝器重，做官已数十年了。从政以来，从未有人敢以重金贿赂我。为了撰文著述，也不收厚礼，什么原因呢？这只是因为我不谋私、不贪财。但是有一样例外，若是亲友有丧，要求老臣为之点主或做墓志铭，他们所馈赠的礼金，不论多少厚薄，老臣是从不拒绝的。"

嘉庆听完纪昀一席话感到莫名其妙，进而想一想，才点头称许，于是定下破格提拔这批官员的决心。

其中是何原因，原来纪昀用模糊之法，提出自己赞成皇上应该放下包袱，大胆去做的建议。纪昀的这番话听起来言不及义，但细究起来里面大有文章。既然为官清廉，何以对亲友之丧事点主、做铭所得概不拒绝呢？为祖宗推恩无所顾忌之故也。您嘉庆皇帝破格提拔曾为先帝做过突出贡献的官员，本来也是为祖宗推恩，弘扬先帝的德化，还有什么顾忌的呢？这不正和我纪昀为别人点主、做铭不推却馈赠，好让死者的后人为死者尽孝的道理一样吗？嘉庆皇帝聪慧，哪能悟不出纪昀的话中话呢？

——摘自海阔天空的博客《难得糊涂》2007.6.5

人生在世，智总觉短、计总觉穷，纷纷扰扰、热热闹闹在眼前，又有几人能看清？常言道：不如意事总八九，可与人言无二三。天地间，立人处世，总有许多盘盘曲曲、枝枝节节，即便胸中有万丈光芒，托出来也不过就是那丁点儿亮。于是，俯仰之间，总觉得被拘着、束着、挤着、磨着，好比那郑板桥，硬着头皮做清官、好官，却屡屡遭贬、被逐，无奈掷印辞官，弹掉几顶乌纱，自抓一身搔痒，自讨几分糊涂下酒，于是，身心俱轻。正是：行到水穷处，坐起看云时。此一糊涂，人生境界顿开，先前舍不下的成了笔底烟云；先前弄不懂的成了淋漓墨迹。因此，你不得不承认糊涂是一种智慧，犹似雾里看花、水中望月，径取朦胧揩眼，而心成闲云。

有一则外国寓言：

在科罗拉多州长山的山坡上，竖着一棵大树的残躯，它已有四百多年历史。在它漫长的生命里，被闪电击中过14次，无数的狂风暴雨袭击过它，它都岿然不动。最后，一小队甲虫却使它倒在了地上。

这则寓言告诉我们，人们要提防小事的攻击，要竭力减少无谓的烦恼，要"糊涂"，否则，小烦恼有时候是足以让一个人毁灭的。我们活在世上只有短短的几十年，不要浪费许多无法补回的时间，去为那些很快就会被所有人忘了的小事烦恼。生命太短促了，在这一类问题上糊涂一些吧，不要再为小事垂头丧气。

　　"难得糊涂"是一剂处世之良药，直切人生命脉。按方服药，即可贯通人生境界。所谓一通则百通，不但除去了心中的滞障，还可临风吟唱、拈花微笑、衣袂飘香。不为小事生气，不患得患失，正是难得糊涂的真谛。

得糊涂时且糊涂

聪明与糊涂是一门大学问，是人际关系范畴内必不可少的技巧和艺术。得糊涂时且糊涂，这是聪明人的处世哲学，也是做人的真谛，值得我们每一个人学习。

战国时期，哲学家庄周一直生活在痛苦当中，没有知己，他必须强迫自己摒除杂念，才能独自地生活下去。

一天黄昏，他实在想放松一下，便去了郊外。那里有一片广阔的草地，绿油油的草散发出芳香。他仰天躺到上面，尽情地享受着，不知不觉就进入了梦乡。在梦中，他化作了一只色彩斑斓的蝴蝶，在花草丛中尽情地飞舞。上有蓝天白云，下有金色的大地，周围的景色也十分迷人，一切都是那么的快乐与温馨。他完全忘却了自我，整个人都被美妙的梦境陶醉了。

梦终归有醒的时候，但他对于梦境与现实无法区分。过了许久，清醒了的他才发出一声感慨："庄周还是庄周，蝴蝶还是蝴蝶。"

如果把人生比作一场梦，醒时梦时没什么大的区别，醒时也不妨让自己做做梦。活得轻松一点，糊涂一点。

人生其实就像是一个万花筒，有的时候我们不如装装糊涂。这种假装糊涂的处世的艺术其实比聪明还要略胜一筹。聪明是天赋的智慧，糊涂是后天的聪明，人最难能可贵的就是集聪明与愚钝于一身，需聪明时便聪明，该糊涂处且糊涂，随机应变。

郑板桥以个性"落拓不羁"闻于世，心地却十分善良。他曾给其堂弟写过一封信，信中说："愚兄平生谩骂无礼，然人有一才一技之长，一行一言为美，未尝不啧啧称道。囊中数千金，随手散尽，爱人故也。"以仁者爱人之心处世，必不肯事事与人过于认真，因而"难得糊涂"确实是郑板桥襟怀坦荡无私的真实写照，并非一般人所理解的那种毫无原则、稀里糊涂地做人。

难得糊涂是一种人生的境界。郑板桥书写的"难得糊涂"，是他一生的总结和体验，最后，却成为了一些人修炼本性的格言。难得糊涂，是人屡经世事沧桑之后的成熟和从容。这种糊涂与不明事理的真糊涂截然相反，它是人生大彻大悟之后的宁静心态的写照。

《列子》中有齐人攫金的故事，齐人被抓住时官吏问他："市场上这么多人，你怎敢抢金子？"齐人坦言陈词："拿金子时，看不见人，只看见金子。"可见，人性中的确有这种弱点，一旦迷恋私利，心中便别无他物，唯利是图。用现代人的话说就是：掉进钱眼里去了。做糊涂人难，难就难在少数人私心太重，执着于自我，总觉得世界太小，眼前只能看到名利，因此，不免斤斤计较。

古人有云："水至清则无鱼，人至察则无徒。"在日常生活与人际交往中，我们也不妨"糊涂"一下。很多情况下，"糊涂"是一种机敏、一种理智，一种优良的交际武器，如果运用恰当，可以让你赢得交际的新天地。

韩熙载字叔言，潍州北海人。出身豪族，诗文书画、音乐无不通晓，后唐末年同光年间登进士第，后逃往南方避乱，曾任中书侍郎、光政殿学士承旨等官。他博学多才，写得一手好文章。

早在李煜的父亲李璟在位时，韩熙载就因为其出色的才能受到了重用，面对北方的战乱，他力劝李璟励精图治，出兵中原，统一天下。然而生性懦弱的李璟除了和冯延巳等人，在君臣之间你夸奖我"小楼吹彻玉笙寒"意境优美，我夸奖你"吹皱一池春水"构思奇巧之外，毫无雄心壮志来完成统一天下的历史使命，韩熙载陷入了壮志难酬的困境中。

不久李璟去世，后主李煜继位。早已意灰心冷的韩熙载重新点燃起理想的希望之火，但是很快诗词歌舞代替了刀剑斧戟，舞榭歌台代替了雄兵百万。君王与美人调情的谈笑风生刺破了韩熙载最后一点政治希望。

韩熙载已经看到了南唐国势日衰的历史必然，面对这样的残局，纵使是孔明在世，也无力挽回，但是他毕竟没有孔明的执着，再加上朝中那些小人的排挤，于是他辞去了宰相的职位。然而事情并没有这么简单，韩熙载敏锐地感觉到李后主已经悄悄地把猜疑的利剑架在了他的脖子上。

为了迷惑李后主以保全自己，他一反正直敢谏的常态，假装成一个沉湎于酒色歌舞之中，已与南唐其他大臣同流合污的庸碌之辈。他请了长假，在戚家山"养病"，成天与40多个姬妾谈笑取乐。他领到俸禄后，尽数散发给这些妻妾，然后再穿着破衣衫，挎着破篮子，到各姬妾的院子中去乞讨，以博一笑。由于他对姬妾不加管束，由其来去，弄得满城人都以为他是个胸无大志，不问国事，成天围着女人转的昏官。朝中大臣也以此为话题取笑他。

李后主虽有所耳闻，还是不很放心，便派著名画家顾闳中到韩府探察。顾闳中到韩家，看到他正拥着妻妾歌女宴饮取乐。回家后，便画了一幅画，用五个场面勾画出韩熙载当晚的活动情况，这便是著名的《韩熙载夜宴图》。可是李后主看了这幅画后，发现他的眉宇之间充满着隐忧与沉思，而他是在用宴会、歌舞掩盖其政治抱负，于是决定将韩熙载逐出京城。这时，韩熙载上表请罪，苦苦哀求从轻发落，留在金陵养老。李后主见他言语悲切，也看到他确实老了，掀不起大风大浪，就取消了将他发配南方的命令。韩熙载终于因病而死。李后主听到韩熙载的死讯后，心中非常高兴，却假惺惺地哭着说："可惜啊，韩熙载死了，我再也不可能提拔他当宰相了。"还装模作样地追封他为"右仆射同平章事"，谥号"文靖"。

韩熙载的糊涂使他逃离了横死的结局。聪明人在处世时，要从心底里不去管一些根本就搅不清的事态，难得糊涂，能保全地位，这样的人，才是真正的聪明人。

——摘自《社交中的77个心理策略》作者：成果 中国商业出版社 2010.8.1

装糊涂的人并不是无能，更不是昏庸。相反它是人类一种未曾被启动的潜能，它是一种韬光养晦，是为人处世的一种豁达和大度。真正聪明的人都懂得糊涂的道理，他们遇到事情时绝对不会自作聪明，大发议论，相反都是装出一副什么都不知道、什么都不清楚的样子，躲躲闪闪装糊涂。这样的人心知肚明，但是什么人也不会得罪。他们在生活中能够左右逢源，逢凶化吉，真正活得逍遥自在。

一半清醒一半醉

佛陀说："一切众生即非众生。"意思就是说这个世界千变万化，每天都有太多的人和事是我们永远都管不完看不清的。所以，清醒的时候就难免心烦意乱，不得安宁，还是糊涂一点更快乐。

一个人太过聪明绝不是什么好事。须知，物极必反，精明过头了反而要吃亏。《红楼梦》里批王熙凤说"机关算尽太聪明，反误了卿卿性命"。这就是在告诉我们不要学王熙凤式的精明，世事复杂，我们不可能把每件事都弄得清清楚楚，这样做只会给你带来无尽烦恼，影响你的生活，所以做人还是"糊涂"点为好。

就像有一则故事里所讲的那样：

某地有一个又懒又喜欢谈论别人的妇人，一天，她看见邻居晒在阳台的白被单沾满了黑点，便嘲笑说："我看这家女主人连衣服也洗不干净，不会理家，只会吃饭。"哪知当她推开自家的窗户时，看到邻居的被单洗得又白又干净，这才发现原来是自家的窗户污秽不堪。

所以，为了不犯这样的错误，我们不妨"糊涂"一些，这样不但可以平静地原谅了别人，有时也是对自己的一种保护和释放。

"傻人"有"傻"福，这句话我们应该都听过。为什么傻人还会有福呢？正因为他傻，所以他活得比别人更简单，更实在，更容易取得别人的信任，给人一种安全的感觉。和这样的人在一起，你的身心也就放松了，不再有那么多的算计心和警惕之心。人首先要解除彼此的威胁，才有可能相互靠近。"傻人"正因为他的"傻"，那种憨憨的样子，让你感觉到发自内心的真诚和友好。

傻人傻人，就是说那个人"傻"，因此我们对于这种人也就不会那么敏感，不会过多地怀疑，对于这种人的误解和伤害我们有着更多的忍耐力。"傻人"很多时候意味着执着和忠贞，也意味着宽厚和诚实，这一点让人很是感动，也很是让人喜欢了，你也就会在不知不觉间站到了他的一边。"傻人"无意中得到的，可能比聪明人费尽心机得到的还多。"傻人"的"傻"就是他的最大资本。

一个国王要在三个儿子中选一个王位继承人。为了完成这个计划，他给三兄弟每人发了一颗瓜子，看谁种得好就选谁。

瓜子拿回去后，三人都种上了。到了约定的时间，三兄弟端着自己的花盆去见国王。国王看见老大、老二的瓜苗都长得很好，只有老三的盆里什么也没长出来。于是，他把王位传给了老三。

答案其实很简单，三颗瓜子都是炒熟了的。国王要考验他们的，不是本事，而是品德。

为人处世，只要你坦坦荡荡、以心换心，真诚地对待别人。那么，当你在回首往事的时候，可以毫不犹豫地在自己人生的那张纸上工工整整地写个"人"字，这并不难。相反，如果你处事玩弄权术、精于算计，活得就不能不累，不能不难。

杨修是曹操门下掌库的主簿。此人生得单眉细眼，貌白神清，博学能言，智识过人。但他自恃其才，竟小觑天下之士。

一次，曹操令人建一座花园。快竣工了，监造花园的官员请曹操来验收察看。曹操参观花园之后，是好、是坏、是褒、是贬一句话也没有说，只是拿起笔来，在花园大门上写了一个"活"字，便扬长而去。一见这情形，大家犹如丈二和尚，摸不着头脑，怎么也猜不透曹操的意思。杨修却笑着说道："门内添'活'字，是个'阔'字，丞相是嫌园门太阔了。"官员见杨修说得有道理，立即返工重建园门，改造停当后，又请曹操来观看。曹操一见重建后的园门，不禁大喜，问道："谁知道了我的意思？"左右答道："是杨修主簿。"曹操表面上称赞杨修的聪明，其实内心已开始忌讳杨修了。又有一回，塞北送来一盒酥饼孝敬曹操，曹操没有吃，只是在礼盒上亲笔写了三个字："一合酥"，放在案头上，自己径直出去了。屋里其他人有的没有理会这件事，有的不明白曹丞相的意思，不敢妄动。这时正好杨修进来看见了，便堂而皇之地走向案头，打开礼盒。把酥饼一人一口地分吃了。曹操进来见大家正在吃他案头的酥饼，脸色渐变，问："为何吃掉了酥饼？"杨修上前答道："我们是按丞相的吩咐吃的。""此话怎讲？"曹操反问道。杨修从容地应道："丞相在酥盒上写着'一人一口酥'，分明是赏给大家吃的，难道我们敢违背丞相的命令吗？"曹操见又是这个杨修识破了他的心意，表面上乐哈哈地说："讲得好，吃得对，吃得对！"其实内心已对杨修产生厌恶之情了。可杨修还以为曹操真的欣赏他，所以不但没有丝毫收敛，反而把心智用在捉摸曹操的言行上，并不分场合地卖弄自己的小聪明，从而也不断地给自己埋下祸根。

杨修最后一次聪明的表露是在曹操自封为魏王之后，曹操亲自引兵与蜀军作战，战事失利，进退不能。曹操数次进攻蜀军总不能奏效，长期拖下去，不仅耗费钱粮且会挫伤士气，真的撤兵无功而归，又会遭人笑话。是进是退，当时曹操心中犹豫不决。此时厨子呈进鸡汤，曹操看见碗中有鸡肋，因而有感于怀，觉得眼下的战事，有如碗中之鸡肋："食之无肉，弃之可惜"。他正沉吟间，夏侯惇入帐禀请夜间号令。曹操随口说："鸡肋！鸡肋！"夏侯惇传令众官，都称"鸡肋"。杨修见传"鸡肋"二字便教随行军士，各自收拾行装，准备归程。有人报知夏侯惇。夏侯惇大惊失色，立即请杨修到帐中问他："为什么叫人收拾行装？"杨修说："从今夜的号令，便知道魏王很快就要退兵回去了。""你怎么知道？"夏侯惇又问。杨修笑道："鸡肋者，吃着没有肉，丢了又觉得它味道不错。魏王的意思是现在进不能胜，退又害怕人笑话，在此没有好处，不如早归，明天魏王一定会下令班师回转的。所以先收拾行装免得临行慌乱。"夏侯惇说："您可算魏王肚里的蛔虫，知道魏王的心思啊！"他不但没有责怪杨修，反而也命令军士收拾行装。于是寨中各位将领，无不准备归计。

当夜曹操心乱，不能入睡，就手按宝剑，绕着军寨独自行走。只见夏侯惇寨内军士，各自准备行装。曹操大惊，我没有下达撤军命令，谁竟敢如此大胆，做撤军的准备？他急忙回帐召夏侯惇入帐，夏侯惇说："主簿杨修已经知道大王想回归的意思。"曹操叫来杨修问他怎么知道，杨修就以鸡肋的含义对答。曹操一听大怒，说："你怎敢造谣乱我军心。"不由分说，叫来刀斧手将杨修推出去斩了，把首级悬挂在辕门外。曹操终于寻得机会，除掉了杨修，杨修也终于结束了他聪明的一生。

——摘自360doc个人图书馆《有时才华不宜显，有时聪明需内敛》2011.11.11

难得糊涂，糊涂难得。就像潇洒走一回里的"留一半清醒，留一半醉"，这样，我们才能在平静之中体味到人生的酸甜苦辣。一个人活得太清楚，表现得太聪明，身边也就没有什么朋友。因为所有的人都有这样、那样的缺点。你紧抓着这些不放，当然没有人敢接近你。做事也是如此，有时你只需睁一只眼，闭一只眼。把事做绝了，做得太清楚只能让人害怕你的苛刻，讨厌你的精细和烦琐。当你再次要求别人去做事时，别人当然是能避则避，能推则推，这时你也许还会觉得别人不够义气，却不知是因为你活得太过清醒，要求得太过严格。

领导要适当地“糊涂”一下

领导如果在业务上精明，为人上宽容，非常容易获得下属的拥戴。身为领导者，管理下属自然糊涂不得。但在很多情况下，精明也许恰恰表现为“糊涂”。这种别出心裁、恰到好处、闪烁着智慧之光的“糊涂”，往往具有不可思议的魔力，能获得超出想象的理想效果。

与过分精明的领导者相比，一个“糊涂”的领导者，自有其独特的魅力。他绝不会虚张声势、盛气凌人，也不会自恃高人一等而颐指气使，乱发号施令。他总是温良敦厚、亲切随和，给下属以良好的心理影响，使其感到温暖、友好，从而获得心理上的安全感，进而最大限度地激发出创造的热情和灵感，确保奋斗目标的实现。

三国时期，诸侯割据称雄，各个势力长期混战，力量此消彼长。曹操在这个过程中逐渐强大起来，成为唯一能和袁绍抗衡的力量。

不过在当初，袁绍的实力比曹操强大得多。曹操手下的不少谋士都与袁绍有书信上的秘密往来，因为他们害怕曹操被袁绍兼并以后自己没有退路。

官渡之战结束后，在清理战利品时，曹军从袁军大营里缴获了一大摞书信，都是曹操的部下写给袁绍的密信，那些写了信的人一个个胆战心惊，不知如何是好。正当众人紧张万分之际，曹操却当着众人的面，把那些信全部烧掉了，并对他们说："过去的就让它过去吧，以前我们就像鸡蛋，而袁军就像石头。我也在为自己的退路担心，我的下属这么做，我完全能够理解。"

那些提心吊胆的人见曹操如此宽容，又目睹那一大摞书信在烈火中化为灰烬，个个如释重负，感到空前的轻松，几乎都流下了感激的泪水。

那些给袁绍写过信的人，从此成了曹操忠实的谋士，他们争相为曹操出谋划策，为曹操称霸贡献了自己的力量。

在一个单位里，如果领导者处处精明，斤斤计较，那么他的下属们就很难对他说出真心话，他们做事的时候，在很多拿不准的地方也不会征询领导者的意见，因为他们怕领导会因为这种小事而大发雷霆。最糟的就是，即使他们遇到困难也不会，或者不愿意告诉上司。某五金材料公司发生大笔货款收不回来的情况，虽然业务负责人知道这件事，但因为怕被上司责备，所以一直没有说出真相。结果，事情越来越严重，消息传到上司耳中时，为时已晚。在催讨货款时，发现对方已经破产，并且已经把一些值钱的东西都抵押给先来讨债的债权人了，只留下一大笔未还清的债。

这种例子屡见不鲜，为什么平常很谨慎，做事一板一眼的上司，竟会遇到这种事情呢？通过对这类问题的分析发现：原来是业务负责人在账簿上动了手脚。之所以会出现这样的情况，除了个别的下属是为了自己的私利而不择手段之外，多半是因为领导者太苛刻了，导致下属在做不好事情的情况下，不是选择及时告诉领导者来共同面对，而是试图通过自己的小手腕来调整，结果往往会把事情越弄越糟，最后达到不可收拾的地步。

一般的上司会让下属有防备之心，所以上司有时候要放低姿态，表现出自己并不精明的一面，让下属觉得你和他们很相似，而不是监督机器，这样下属才能安心地畅所欲言。但是，不要真的什么都不懂，无论如何，上司应该事先对工作有所了解。如果下属认为"上司没有一点儿真本事"，那么真的就会被下属看不起。

　　诚然，什么事都交给下属做，对工作进度一无所知是不行的。但是，经常一副战战兢兢，害怕下属背叛他的样子，也难保不会有问题发生。有时下班后和下属一起去吃顿饭、唱唱歌也不错，这样既能让下属看看自己私底下亲切的一面，也能促进与下属间的和谐关系。